알고 보면 재미있는
수학 이야기

배정자 지음

제2판

KM 경문사

머리말

수학은 정치, 경제, 사회, 문화, 스포츠, 오락 등과 밀접한 관계를 맺으며 그 근간이 되는 기본이론을 제공한다. 본 교과는 수학이 생활과 동떨어진 학문이 아니라 생활과 밀접한 관계가 있음을 알게 하는 데 그 목적이 있다.

세부적인 내용으로, 먼저 제1장에서는 맨홀 뚜껑은 왜 둥근가, 전화번호는 왜 네 자릿수인가, 정다면체는 왜 다섯 가지뿐인가, 벌집은 왜 모두 육각형인가, 사이클로이드의 숨겨진 비밀 등 생활 속의 수학 문제를 다루었다.

제2장에서는 수학을 주제로 한 영화 속의 수학 문제, 엘런 매시선 튜링, 라마누잔 등 실제 수학자를 모델로 한 영화 속 수학자의 생애를 다루었다. 그리고 영화화되지는 않았지만, 폴 에어디쉬, 갈루아 등 수학적으로 뛰어난 천재 수학자의 인생을 살펴보았다.

제3장에서는 카프리카의 불변수, 등차수열, 등비수열, 달력을 펼쳐보지 않고서도 요일을 알아맞히는 방법, 피타고라스 수, 파스칼의 삼각형, 피보나치수열 등을 다루었다.

제4장에서는 주민등록번호, ISBN, 신용카드번호 등의 생성 원리를 살펴보았다.

제5장에서는 마방진의 개념과 원리, 홀수차 마방진과 짝수차 마방진을 만드는 방법 그리고 마방진의 과학이나 스포츠 등에의 응용 등을 살펴보았다.

또한 제6장에서는 고전암호의 원리와 역사를 살펴본 후 전치암호, 치환암호, 대입암호의 암호화 과정과 복호화 과정을 다루었고 다표식 대입암호로서 Vigenere 암호, One-time pad 암호 등의 암호화 과정과 복호화 과정 등을 살펴보았다.

제7장에서는 생활 속에서의 통계와 확률 문제들을 다루었고 마지막으로 제8장에서는 범죄현장 속의 재미있는 수학 문제들을 살펴보았다.

끝으로 1판에 이어 2판이 출판되기까지 도움을 주신 경문사 편집위원분들께 감사드린다.

배정자

차례

제1장 생활 속 수학 이야기 1

제2장 영화 속 수학 이야기 25
2.1 영화 속의 수학 26
2.2 영화 속의 수학자 55
2.3 괴짜 천재들의 수학과 인생 58

제3장 숫자 속 수학 이야기 65
연습문제 101

제4장 신분확인번호 속 수학 이야기 103
4.1 우편환번호 104
4.2 주민등록번호 105
4.3 ISBN 107
4.4 UPC(Universal Product Code) 110
4.5 신용카드번호 111
연습문제 112

제5장 마방진 속 수학 이야기 113
5.1 마방진 114
5.2 마방진 만드는 방법 121
5.3 여러 종류의 마방진 131
5.4 과학에 이용되는 마방진 136
연습문제 139

제6장 암호 속 수학 이야기　141

6.1 암호학의 기본용어　142
6.2 암호의 역사　147
6.3 고전암호, 전치암호　152
6.4 고전암호, 치환암호　156
6.5 고전암호, 대입암호　160
6.6 ADFGVX 곱암호　166
6.7 암호의 해독　169
6.8 동음이의 대입암호와 다표식 대입암호　174
연습문제　184

제7장 생활 속 확률 이야기　187

7.1 생활 속의 통계　188
7.2 확률의 정의와 연산　191
7.3 확률의 계산 - 여사건의 확률　193
7.4 확률의 계산 - 확률의 덧셈정리　197
7.5 확률의 계산 - 조건부확률　198
7.6 확률의 계산 - 독립사상　201
7.7 생활 속의 확률　203
연습문제　211

제8장 범죄현장 속 수학 이야기　213

연습문제　219

참고문헌　220

제1장

생활 속 수학 이야기

예제 1.1 수레바퀴는 왜 둥글까?

(사진 출처: https://pixabay.com)

'수레바퀴는 왜 둥글게 만드는가?'라고 질문하면 대부분 학생은 '바퀴가 둥글어야 잘 굴러간다.'라고 말한다. 실제로 원은 한 정점으로부터의 거리가 같은 점들의 집합을 말한다. 그래서 원 상의 임의의 한 점에서 원의 중심까지의 거리는 모두 같다. 따라서 수레바퀴를 둥글게 만들고 수레 축을 원의 중심에 장치하면 바퀴가 지면에 구를 때 축과 지면의 거리는 언제나 바퀴의 반지름과 같은 값으로 일정하다. 그러므로 수레가 갈 때 타고 있는 사람은 들썩거리지 않고 잘 굴러간다. 그리고 그 외에 같은 물건이라도 땅 위에 굴리는 것이 끄는 것보다 힘이 덜 든다. 그것은 회전 마찰력이 미끄럼 마찰력보다 작기 때문이다. 실제로 이 문제는 구글과 마이크로소프트의 입사 면접에 나온 문제이기도 하다.

예제 1.2 맨홀 뚜껑은 왜 둥글까?

맨홀 뚜껑은 길을 걷다 보면 흔히 볼 수 있다. 왜 맨홀 뚜껑은 둥글까? 그것은 뚜껑이 구멍 속으로 빠지지 않게 하기 위해서이다. 만약 맨홀 뚜껑이 삼각형이나 사각형으로 만들어져 있다면 뚜껑이 구멍 속으로 빠질 수 있다.

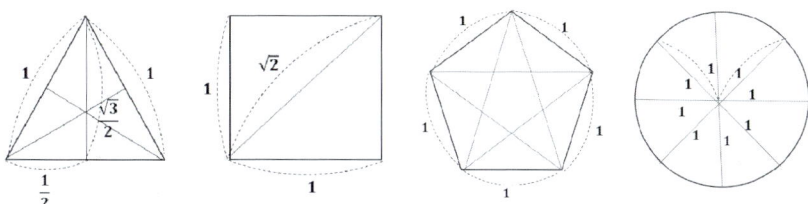

위 그림처럼 정사각형이거나 정육각형인 경우 한 변의 길이보다 대각선의 길이가 더 길다. 만약 맨홀 뚜껑을 원이 아닌 다른 모양으로 만든다면 맨홀 뚜껑이 구멍 속으로 빠져 큰 사고로 이어질 수도 있다. 실제로 원은 어느 방향으로 폭을 재어도 그 폭이 일정하므로 원 모양으로 구멍과 뚜껑을 만들면 맨홀 뚜껑은 구멍 속으로 빠지지 않는다.

어디에서 재어도 항상 폭이 일정한 도형을 정폭도형이라고 한다. 정폭도형의 대표적인 예는 영국의 20펜스 동전이나 뢸로 삼각형이 그 예이다. 정폭도형으로 맨홀 뚜껑을 만들어도 구멍 속으로 빠지지는 않을 것이다. 그러나 경제학적 측면으로 볼 때 원 이외의 정폭도형 모양으로 맨홀 뚜껑을 만든다면 그만큼 공정이 많이 들어가야 하므로 비용이 많이 들 것이다.

▶ **예제** 1.3 63빌딩의 높이를 직접 재지 않고도 높이를 아는 방법은 없을까?

63빌딩의 높이를 직접 재지 않고도 수학적인 방법으로 잴 수는 없을까? 삼각형의 닮음을 이용하면 간편하게 63빌딩의 높이를 잴 수 있다. 어느 맑은 날 오후 3시경 63빌딩의 그림자의 길이를 쟀더니 62.4m이고 높이가 4m인 막대기

(사진 출처: https://pixabay.com)

의 그림자를 쟀더니 1m가 나왔다. h를 63빌딩의 높이라 하고 삼각형의 닮음비를 이용하면 $1:62.4=4:h$가 된다. 따라서 63빌딩의 높이 $h=4\times62.4=249.6$이다.

실제로 63빌딩은 지하 3층, 지상 60층, 옥탑 1층으로 이루어져 있고 최고 높이는 249.58m이다. 실제 높이와 조금의 오차가 있기는 하지만 직접 높이를 재지 않고도 수학적으로 구할 수 있다는 데 의의가 있다.

예제 1.4 지그재그형 철문의 비밀은?

관공서나 학교 정문 등에서 흔히 볼 수 있는 지그재그형 철문은 여러 개의 마름모꼴이거나 평행사변형으로 이루어져 있다. 네 귀가 서로 이어져 있는 마름모꼴이나 평행사변형이 쉽사리 늘어났다 줄어졌

(사진 출처: https://pixabay.com)

다 할 수 있는 이유는 무엇일까? 그것은 변의 길이가 같은 사각형은 모양이 쉽게 변할 수 있기 때문이다.

실제로 성냥갑이나 사각형 모양의 상자를 가방 안에 넣어두고 꺼냈을 때 모양이 찌그러져 있던 것을 본 적이 있을 것이다. 사각형의 이러한 성질을 사각형의 불안정성이라고 하는데, 밀면 접히고 당기면 펼쳐지는 지그재그형 철문은 이 성질을 생산에 합리적으로 응용하여 만들어진 것이다.

> **예제** 1.5 삼각대의 비밀은?

사닥다리나 가구의 다리 높이가 맞지 않으면 다리 밑부분에 딱딱한 마분지 등을 끼워 넣어 높이를 맞추려고 한다. 사각형과는 달리 삼각형은 세 변의 길이가 확정되면 모양이나 크기를 바꿀 수가 없다. 삼각형의 이 성질을 삼각형의 안정성이라 한다.

(사진 출처: https://pixabay.com)

실제로 일직선에 있지 않은 세 점을 통과하는 평면이 반드시 존재하므로 세 변의 길이가 확정되면 삼각형의 모양이나 크기를 바꿀 수가 없다. 사진을 찍기 위해 많이 사용되는 삼각대가 높이가 맞지 않으면 다리 밑부분에 딱딱한 마분지 등을 끼워 넣어 높이를 맞추려고 할 필요없이 삼각대를 조금만 움직여보면 세 다리가 안정되는 지점을 곧바로 찾을 수 있는 이유도 이 때문이다. 널빤지 대문에다 나무를 대각선으로 대거나 교량이나 지붕틀이 각각의 삼각형으로 이루어진 것 등도 삼각형의 이러한 안정성을 응용한 것이다.

예제 1.6 걸리버 여행기 속 수학

걸리버 여행기에 다음과 같은 내용이 있다.

> 300명의 요리사가 내 식사를 준비하였으며 내 집 주위에는 다른 작은 집들이 세워지고 거기 요리사들은 가족들과 함께 지내면서 요리를 하였다. 식사 때마다 난 20명의 급사를 식탁 위에 집어 올려주었다. 그러면 마루에는 포도주며 다른 음료를 담은 통을 두 사람씩 어깨에 걸친 막대로 운반하기도 하였다.

걸리버 여행기의 주인공 걸리버가 난쟁이 나라에 도착했을 때 소인국 사람들은 그에게 매일 1,728인분의 음식을 제공했다. 그 이유는 무엇이었을까? 그 이유는 소인국 사람들의 키가 걸리버의 $\frac{1}{12}$이였기 때문이다. 한 변의 길이가 12인 정육면체의 부피는 1,728이므로 소인국 사람들의 키보다 12배가 더 큰 걸리버의 부피는 소인국 사람들의 1,728배이다. 이에 따라 걸리버의 식사량을 결정하였다.

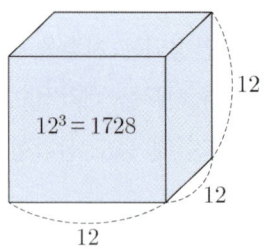

▶예제 1.7 소주 한 병을 소주잔에 따르면 일곱 잔이 나오게 된 이유는?

소주 한 병을 소주잔에 따르면 일곱 잔이 나온다. 이전에는 그렇지 않았는데 왜 일곱 잔이 되었을까? 이것은 소주의 판매량을 늘리기 위해서 소주 한 병의 용량과 한 잔의 크기를 조절하여 일곱 잔이 되도록 한 어떤 소주 회사 영업사원의 아이디어 때문이었다. 실제로 소주 한 병을 두 사람이 마시면 한 사람당 석 잔씩 마시고 한 잔이 남게 되고, 세 사람이 마시면 두 잔씩 마시고 한 잔이 남는다. 네 사람이 마시게 되면 두 잔씩 공평하게 마실 수 없다. 그래서 여럿이서 소주를 마실 때 사람들은 한 병의 소주라도 더 시키게 된다. 이와 같은 방법으로 소주의 판매량을 늘릴 수 있었다.

▶예제 1.8 매미의 수명이 소수인 이유는?

북아메리카에 서식하는 17년 매미는 17년을 땅속에 있다가 단 하루를 매미로 살면서 필사적으로 짝짓기한 뒤 죽는다고 한다. 우리나라에서 흔히 볼 수 있는 참매미와 유자 매미의 수명주기는 5년이다. 이처럼 모든 매미의 수명은 5, 7, 13, 17 등과 같이 소수를 이루고 있다. 이것은 왜일까?

(사진 출처: https://pixabay.com)

매미는 긴 세월을 준비해서 매미가 돼 짝짓기할 때까지 길어야 한 달밖에 살지 못하기 때문에 최대한 천적에게 먹히지 말아야 하는데, 천적의 수명주기와 매미의 수명주기가 서로소일 때 매미는 천적과 만나는 시점을 최대한 피할 수 있다.

예를 들어 매미의 주기가 6년이고 천적의 주기가 4년이면 매미는 12년마다 천적과 만나게 되지만, 매미의 수명주기가 7년이면 천적과 28년마다 만나게 돼 수명주기가 6년인 매미보다 7년인 매미가 천적을 만나는 경우의 수가 훨씬 줄어든다.

▶**예제** 1.9 아파트는 몇 층이 가장 시끄러울까?

국립 환경 연구원에서 소음이 심한 아파트 층을 계산해 낼 수 있는 수식을 발표하였는데, 도로와 아파트 사이의 거리 x(미터)에 대한 소음이 가장 심한 층 y의 관계는 $y = 0.2467x + 4.159$라고 했다.

예를 들어 도로와의 거리가 10m이면 6~7층이, 20m이면 9층이 가장 시끄러운 층이다. 이를 기준으로 위, 아래 2개 층 정도가 시끄러운 층이 된다.

(사진 출처: https://pixabay.com)

예제 1.10

톨스토이의 단편소설 〈사람에게는 얼마만큼의 땅이 필요한가?〉에 있는 내용이다.

> "하루 동안 걸은 만큼의 땅을 준다는 이야기를 들은 청년은 해가 솟자마자 길을 걷기 시작한다. 10km쯤 가서 흙을 파서 표시한 다음 다시 걸어갔다. 한참을 간 다음 왼쪽으로 꺾어서 13km를 가서 표시하고, 다시 왼쪽으로 꺾었다. 해가 넘어가려고 해 2km만 간 뒤 마을 사람들이 있는 쪽으로 15km 달려갔다. 겨우 출발점으로 돌아온 청년은 쓰러지고 말았다. 그의 귀에 땅 주인의 말이 들려왔다. '장하오. 이제 저 넓은 땅은 당신 것이오.' 그러나 청년은 이미 죽어 있었다."

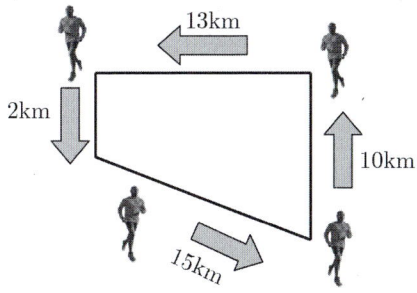

실제로 청년이 얻은 땅은 사다리꼴 모양으로 넓이는 $(2+10) \times 13 \times \dfrac{1}{2} = 78\,\text{km}^2$이고, 달린 거리는 대략 $10+13+2+15=40\,\text{km}$이다.

반지름의 길이가 $5\,\text{km}$인 원의 둘레는 약 $31.4\,\text{km} = 2 \times 3.14 \times$(반지름)이고 원의 면적은 $5 \times 5 \times 3.14 = 78.5\,\text{km}^2$이다.

만약 청년이 반지름의 길이가 5 km인 원을 그리면서 걸었다면 그가 해가 질 때까지 걸었던 40 km보다 적은 거리 31.4 km를 걷고도 더 면적이 넓은 땅을 얻을 수 있었을 것이다. 물론 탈진하여 숨지는 일도 없었을지도 모른다. 실제로 둘레의 길이가 일정한 도형 중에서 넓이가 가장 넓은 도형은 원이다.

▶예제 **1.11** 99의 비밀은?

1999년 컴퓨터에 99를 입력하면 프로그램 작동이 정지하거나 오류가 발생하는 99 버그라는 용어가 자주 등장했다. 그것은 일부 프로그래머들이 숫자 99를 데이터 입력 종료 등 특수 작업 수행을 명령하는 신호로 활용하던 관행 때문에 빚어지는 오류이다. 그러면 99라는 수를 데이터 입력 종료의 의미로 활용한 이유는 무엇이었을까? 그것은 기독교에서 기도문 마지막의 '아멘'을 그리스어로 나타내면 $\alpha\mu\eta\nu$인데 각 문자에 대응하는 수로 나타내어 더하면 $\alpha+\mu+\eta+\nu=1+40+8+50=99$가 되기 때문이다. 그래서 일부 기독교 문헌에서는 99를 아멘 대신에 사용하기도 했다. 참고로 고대 그리스 숫자는 다음과 같다.

대문자	소문자		명칭
A	α	1	알파(alpha)
B	β	2	베타(beta)
Γ	γ	3	감마(gamma)
Δ	δ	4	델타(delta)
E	ϵ	5	엡실론(epsilon)
Z	ζ	7	지타(zeta)
H	η	8	이타(eta)
Θ	θ	9	시타(theta)
I	ι	10	요타(iota)
K	κ	20	카파(kappa)
Λ	λ	30	람다(lambda)
M	μ	40	뮤(mu)
N	ν	50	뉴(nu)
Ξ	ξ	60	크사이(xi)
O	o	70	오미크론(Omicron)
Π	π	80	파이(pi)
P	ρ	100	로(rho)
Σ	σ	200	시그마(sigma)
T	τ	300	타우(tau)
Y	υ	400	웁실론(upsilon)
Φ	ϕ	500	파이(phi)
X	χ	600	카이(khi)
Ψ	ψ	700	프사이(psi)
Ω	ω	800	오메가(omega)

예제 1.12 현수선의 비밀은?

양 끝이 고정된 끈이 중력에 의하여 이루는 자연스러운 곡선의 모양을 현수선이라고 한다. 현수선은 쌍곡코사인함수 $y = \dfrac{a}{2}\left(e^{\frac{x}{a}} + e^{-\frac{x}{a}}\right)$의 그래프로 표현된다.

(사진 출처: https://pixabay.com)

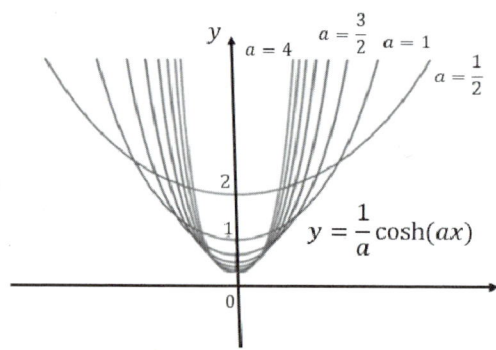

직선 위로 포물선을 굴릴 때, 이 포물선 초점의 자취가 만드는 곡선이 바로 현수선이다. 교각 사이의 길이가 먼 다리를 만들 때 현수선이 이용되기도 하는데 이렇게 만든 다리를 현수교라고 한다.

▶예제 **1.13** 액체를 담는 대부분의 용기가 원기둥 모양인 이유는?

휘발유 통이나 보온병 등 액체를 담는 용기들은 대부분 원기둥 모양으로 되어있다. 그 이유는 무엇일까? 용기를 만들 때는 언제나 재료를 적게 들이고도 많은 양의 액체를 담을 수 있어야 하기 때문이다.

실제로 넓이가 $100\,\text{cm}^2$인 정삼각형, 정사각형 그리고 원의 둘레의 길이를 계산해보자

먼저 정사각형은 한 변의 길이가 $10\,\text{cm}$일 때 면적은 $10\times10=100\,\text{cm}^2$이 되므로 면적이 $100\,\text{cm}^2$인 정사각형 둘레의 길이는 $4\times10=40\,\text{cm}$이다.

그리고 한 변의 길이가 약 $15.2\,\text{cm}$이고 높이가 $13.16\,\text{cm}$인 정삼각형의 면적이 약 $\frac{1}{2}\times15.2\times13.16\approx100\,\text{cm}^2$이 되므로 면적이 $100\,\text{cm}^2$인 정삼각형 둘레의 길이는 $3\times15.2=45.6\,\text{cm}$이다.

마찬가지로 반지름의 길이가 $5.64\,\text{cm}$인 원의 면적은 $\pi\times5.64^2\approx100\,\text{cm}^2$이 되므로 면적이 $100\,\text{cm}^2$인 원의 둘레의 길이는 $2\times\pi\times5.64\approx35.4\,\text{cm}$이다.

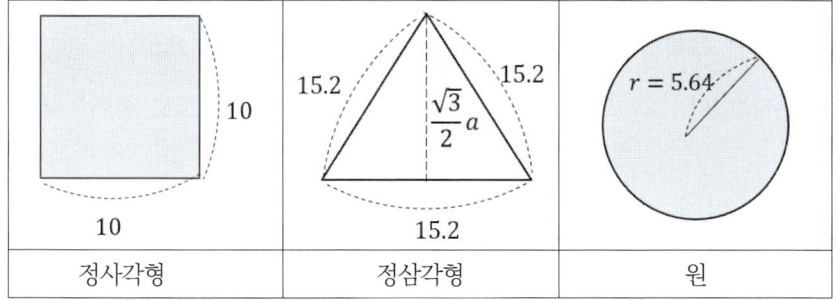

위의 그림과 같이 넓이가 같은 원, 정사각형, 정삼각형 등의 도형에서

원의 둘레의 길이가 가장 짧다. 그러므로 같은 양의 액체를 담을 수 있고 높이가 같은 용기들 가운데서 원기둥 모양의 용기가 그 옆면에 드는 재료가 가장 적게 든다. 그래서 휘발유 통이나 보온병 등 액체를 담는 용기는 대부분이 원기둥 모양으로 되어 있다.

▶예제 **1.14** 아이스크림콘이나 두루마리 휴지 그리고 비누는 부피가 줄어들기 시작하면 순식간에 없어지는 느낌이 드는 것은 왜일까?

두루마리 휴지나 비누의 부피가 줄어들기 시작하면 어느새 순식간에 없어지는 느낌은 왜일까? 비누의 부피가 반으로 줄어들었다고 생각할 때는 비누의 가로, 세로, 높이를 각각 x, y, z라고 할 때 각각 반으로 줄었을 때이므로 부피를 계산하면 $\dfrac{x}{2} \cdot \dfrac{y}{2} \cdot \dfrac{z}{2} = \dfrac{1}{8}xyz$이므로 부피는 $\dfrac{1}{8}$로 줄어든 것이다. 그러므로 남은 비누의 양이 더욱 빠른 속도로 줄어든다.

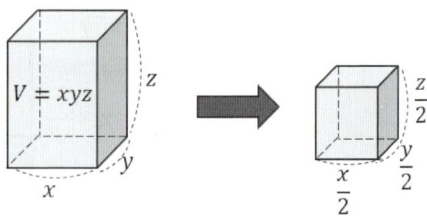

같은 방법으로 반지름이 r, 높이가 h인 원기둥의 부피는 $\pi r^2 h$이다.

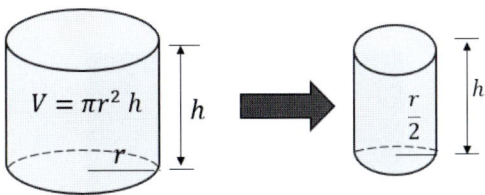

그러면 우리가 화장지가 반쯤 남았다고 생각할 때는 원의 반지름이 반으로 줄었을 때이므로 부피를 계산하면 $\pi\left(\dfrac{r}{2}\right)^2 h = \dfrac{1}{4}\pi r^2 h$가 된다. 즉, 남은 화장지의 양은 $\dfrac{1}{4}$ 밖에 남지 않은 것이다.

마찬가지로 우리가 아이스크림콘을 반쯤 먹었을 때 남은 아이스크림의 양은 처음의 $\dfrac{1}{8}$ 밖에 안 된다. 왜냐하면 반지름이 r, 높이가 h인 원뿔의 부피는 $\dfrac{1}{3}\pi r^2 h$인데 아이스크림콘을 반쯤 먹었을 때 남은 아이스크림의 부피는 $\dfrac{\pi}{3}\left(\dfrac{r}{2}\right)^2\left(\dfrac{h}{2}\right) = \dfrac{1}{8} \cdot \dfrac{1}{3}\pi r^2 h$이기 때문이다.

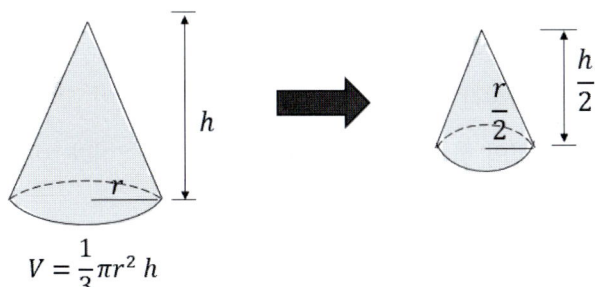

> **예제** **1.15** 땅바닥이나 벽면의 타일이 모두 정사각형이거나 정육각형으로 되어 있는 이유는?

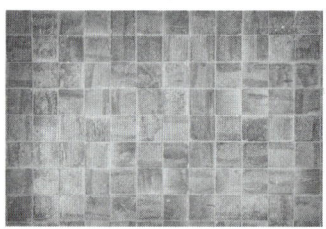

(사진 출처: https://pixabay.com)

땅바닥에 까는 타일은 모두 정사각형이거나 정육각형으로 되어 있다. 왜 일까?

실제로 정다각형의 각 꼭짓점에 놓이는 각의 합이 360°가 되어야만 한 평면에 모아놓을 수 있다. 정삼각형의 한 각이 60°이기 때문에 정삼각형 6개 모아놓으면 꼭짓점에 놓이는 6개의 각의 합은 360°이고, 정사각형의 한 각이 90°이기 때문에 정사각형 4개 모아놓으면 꼭짓점에 놓이는 4개의 각의 합은 360°이다. 그리고 정육각형의 한 각이 120°이기 때문에 정육각형 3개 모아놓으면 꼭짓점에 놓이는 3개의 각의 합은 360°이다.

그러나 다른 정다각형으로는 이렇게 모아놓을 수 없다. 즉, 정다각형 가운데 정삼각형, 정사각형, 정육각형만이 평면에 틈 없이 고루 깔 수 있다.

실제로 정n각형의 한 내각의 크기는 $180 \times \dfrac{n-2}{n}$°이다. 아래의 그림을 보면 쉽게 그 사실을 알 수 있다.

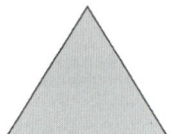 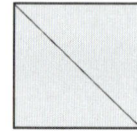 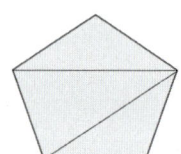 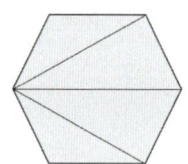

정오각형의 한 각이 108°이기 때문에 정오각형 3개 모아놓으면 꼭짓점에 놓이는 3개의 각의 합은 $108 \times 3 = 324°$ 이어서 360°보다 작고, 한 개를 더 넣으면 $108 \times 4 = 432°$ 이어서 360°보다 크다. 그러므로 정오각형 타일은 평면에 틈 없이 고루 깔 수가 없다.

그러면 땅바닥에 까는 타일을 정삼각형으로는 잘 하지 않는 것일까? 그것은 정삼각형을 6개 모아놓으면 틈은 생기지 않지만, 정사각형이나 정육각형을 모아놓은 것보다 더 많은 타일이 필요로 하게 되어 비용이 더 많이 들게 될 것이다. 그러므로 일반적으로 땅바닥에 까는 타일은 정사각형이거나 정육각형으로 되어 있다.

> **예제** 1.16 벌집은 왜 모두 육각형 모양일까?

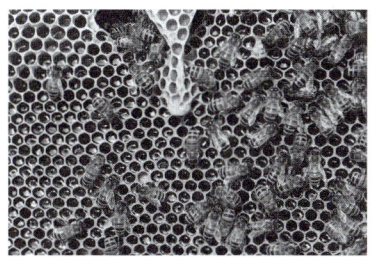

(사진 출처: https://pixabay.com)

같은 길이의 둘레를 갖는 여러 가지 도형의 면적을 구할 때 그 모양이 원에 가까울수록 면적이 커진다. 앞서 얘기한 바대로 평면을 불필요한 공간이 생기지 않도록 평면을 정다각형으로 채우기 위해서는 정삼각형, 정사각형, 정육각형을 사용해야 하는데, 그 가운데 원에 가장 가까운 정육각형을 선택한 것이다.

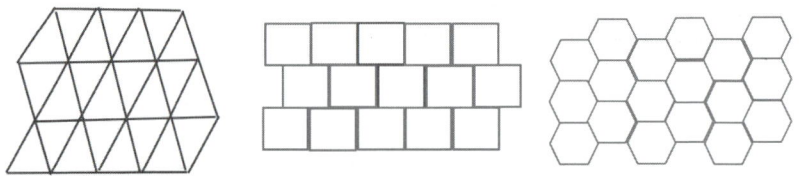

일정한 양의 꿀을 저장하기 위한 집을 만들 때 재료가 가장 적게 들어가려면 원 모양으로 지으면 될 것이다. 그러면 왜 벌집은 원 모양이 아닐까? 그것은 정팔각형이나 원 모양으로 집을 만들면 아래의 그림과 같이 정팔각형과 정팔각형, 혹은 원과 원 사이에 틈이 많이 생겨 공간이 낭비될 뿐만 아니라 빈틈으로 인하여 지어진 구조물은 튼튼하지 않게 되기 때문이다.

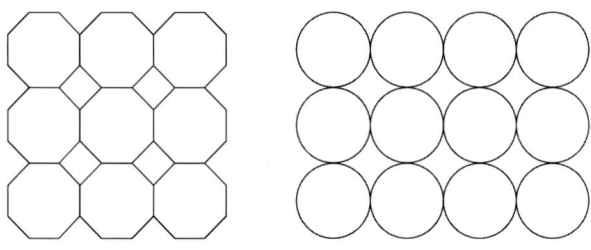

그러나 정육각형은 빈틈이 없으므로 위에서 아래로 눌렀을 때 안정적으로 그 형태를 유지할 수 있는 도형이다. 따라서 정육각형 모양으로 집을 지으면 최소의 재료로 가장 튼튼한 구조물을 만들 수 있다.

> **예제** **1.17** A4용지의 비밀은?

명칭	치수(mm)	가로 : 세로
A0	841×1189	1:1.4138
A1	594.5×841	1:1.4146
A2	420.5×594.5	1:1.4138
A3	297.25×420.5	1:1.4146
A4	210.25×297.25	1:1.4138
A5	148.625×210.25	1:1.4146

명칭	치수(mm)	가로 : 세로
B0	1030×1456	1:1.4136
B1	728×1030	1:1.4148
B2	515×728	1:1.4136
B3	364×515	1:1.4148
B4	257.5×364	1:1.4136
B5	182×257.5	1:1.4148

위 표에서 보듯이 A4용지의 규격은 $210.25\,\text{mm} \times 297.25\,\text{mm}$이다. 조금씩 오차가 있지만 A판 용지, B판 용지 모두 가로, 세로의 비가 약 1 : 1.414임을 알 수 있다. 그러면 이러한 수치는 어떻게 나오게 되었을까? '황금비일까?'라고 생각할지도 모른다. 그러나 어느 하나의 자투리 종이라도 버려지는 종이가 없게 만들려는 의지로 위와 같은 용지 사이즈가 나오게 되었다.

실제로 전지의 길이 대 폭의 비를 $1 : x$이라고 하면 이것을 절반으로 자른 종이의 길이 대 폭의 비는 $\dfrac{x}{2} : 1$이다. 버려지는 종이가 없게 만들려면 두 직사각형이 서로 닮은 꼴이어야 하므로 비례식 $1 : x = \dfrac{x}{2} : 1$이 성립한다. 계산하면 $x^2 = 2$이므로 $x = \sqrt{2}$이다.

이처럼 전지의 폭에 대한 길이의 비를 $1 : \sqrt{2}$로 택하면, 반으로 자르는 과정에서 이 비는 항상 유지된다.

그러면 어떻게 해서 A4용지의 규격이 $210.25\,\text{mm} \times 297.25\,\text{mm}$이며, 전지 A0의 규격은 $841\,\text{mm} \times 1189\,\text{mm}$로 되었을까?

실제로 A0의 가로 세로의 길이를 각각 x, y라 하고 면적을 1이라고 하자. 그러면 $x : y = 1 : \sqrt{2}$이 되므로 $y = \sqrt{2}\,x$를 만족한다.

$xy = 1$이므로 $y = \sqrt{2}\,x$를 대입하면 $\sqrt{2}\,x^2 = 1$이다.

$x = \left(\dfrac{1}{\sqrt{2}}\right)^{\frac{1}{2}} \fallingdotseq 0.841$이므로 $y = \sqrt{2}\,x \fallingdotseq \sqrt{2} \times 0.841 = 1.189$이다.

따라서 A0용지의 가로 세로의 길이의 비는 $x : y = 0.841 : 1.189 = 841 : 1189$가 된다.

즉, A0는 폭에 대한 길이의 비가 $1 : \sqrt{2}$이고 넓이는 $1\,\mathrm{m}^2$가 되도록 만든 종이이다. 이처럼 A0을 절반으로 자르는 과정에서 A1, A1을 절반으로 자르는 과정에서 A2 …등, A3, A4 등의 'A시리즈' 용지가 만들어진 것이다.

B4와 B5 용지도 A시리즈 용지와 같은 원리로 만들어진다. B4 용지의 전지 B0의 규격은 $1030\,\mathrm{mm} \times 1456\,\mathrm{mm}$이다. 실제로 전지 B0의 가로 세로의 길이를 각각 x, y, 면적을 1.5라고 하자. $xy = 1.5$이므로 $\sqrt{2}\,x^2 = 1.5$이다.

$x = \left(\dfrac{1.5}{\sqrt{2}}\right)^{\frac{1}{2}} \fallingdotseq 1.03$이므로 $y = \sqrt{2}\,x \fallingdotseq \sqrt{2} \times 1.03 = 1.456$이다.

따라서 B0 용지의 가로, 세로의 길이의 비는 $x : y = 1.03 : 1.456 = 1030 : 1456$이 된다. 전지 B0의 폭에 대한 길이의 비는 $1 : \sqrt{2}$이고 넓이는 $1.5\,\mathrm{m}^2$가 되도록 규격을 $1030\,\mathrm{mm} \times 1456\,\mathrm{mm}$로 정했다. 같은 방법으로 종이를 절반으로 자르는 과정에서 B1, B2, B3, B4, B5 등의 'B 시리즈' 용지가 만들어진 것이다.

예제 1.18 사이클로이드 곡선의 성질

사이클로이드는 일직선 위를 미끄러지지 않고 굴러가는 바퀴 위에 한 점을 찍으면, 그 점은 회전을 거듭할 때마다 일정한 모양의 곡선을 그리게 된다. 이때 그려진 곡선이 사이클로이드 곡선이다.

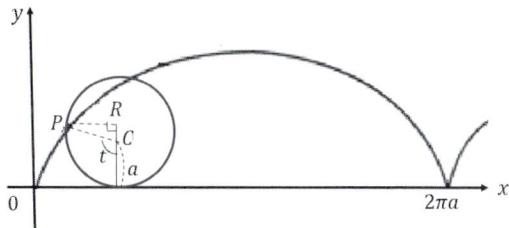

사이클로이드는 곡선상의 어느 점에서 출발해도 최단 점까지 걸리는 시간이 일정한 등시곡선이다. 그래서 사이클로이드를 거꾸로 한 형태의 그릇을 만들고 그 벽에 유리구슬을 놓으면 위치와는 상관없이 바닥에 닿기까지 걸리는 시간은 같게 된다.
또한 사이클로이드는 두 점 사이를 이동할 때 최단 시간을 갖는 최단강하선이다. 직선 경로가 최단 거리이기 때문에 가장 빠를 것 같지만 실제로는 사이클로이드 곡선을 따라 내려가는 것이 가장 빠르다. 워트파크의 미끄럼틀, 롤러코스터도 놀이터에 있는 것과 같은 직선 형태로 만드는 것보다 사이클로이드 형태로 만들게 되면 더 빨리 내려오기 때문에 더 큰 스릴을 맛볼 수 있다.
실제로 우리나라의 기와를 보면 사이클로이드 모양으로 되어 있다. 이것은 빗물이 가능한한 기와에 머무는 시간을 줄여 빨리 흘러내려 가게 해서 빗물이 기와에 스며들어 목조 건물이 썩는 것을 막기 위해서이다. 또한 독수리는 먹이를 향해 낙하할 때 최단 시간이 소요되는 사이클로이드와 가까운 곡선을 그리며 목표물로 향한다.

(사진 출처: https://pixabay.com)

▶ 예제 1.19 정다면체가 5가지뿐인 이유는?

정사면체　　정육면체　　정팔면체　　정십이면체　　정이십면체

유클리드는 그의 저서 '원론(Elements)'에서 정다면체는 정사면체, 정육면체, 정팔면체, 정십이면체, 정이십면체 5개밖에 없다고 증명하였다. 그 이유는 무엇일까?

실제로 정n각형의 한 내각의 크기는 $180\frac{n-2}{n}°$이다. 정다면체의 각 꼭짓점에 일정한 크기의 정 n각형이 m개 모여있다고 하자. 그러면 정다면체의 각 꼭짓점을 중심으로 하는 각의 합은 $180\frac{(n-2)m}{n}$이 되므로 입체가 되기 위해서는 $0 < 180\frac{(n-2)m}{n} < 360$을 만족해야 한다.

정리하면 $0 < (n-2)(m-2) < 4$이고 이를 만족시키는 순서쌍은 $(3, 3)$, $(3, 4)$, $(3, 5)$, $(4, 3)$, $(5, 3)$ 뿐이다.

실제로 (3, 3)은 일정한 크기의 정삼각형이 3개 모여 있고 이것이 정사면체, (3, 4)는 일정한 크기의 정삼각형이 4개 모여 있고 이것이 정팔면체, (3, 5)는 일정한 크기의 정삼각형이 5개 모여 있고 이것이 정이십면체이다. 마찬가지로 (4, 3)은 일정한 크기의 정사각형이 3개 모여 있고 이것이 정육면체, (5, 3)은 일정한 크기의 정오각형이 3개 모여 있고 이것이 정십이면체가 된다.

수학자 오일러는 모든 다면체에 대해 꼭짓점의 개수를 v, 모서리의 개수를 e, 면의 개수를 f라고 한다면 $f+v-e=2$가 성립함을 증명하였다. 실제로

$$정사면체 : f+v-e=4+4-6=2$$
$$정육면체 : f+v-e=6+8-12=2$$
$$정팔면체 : f+v-e=8+6-12=2$$
$$정십이면체 : f+v-e=12+20-30=2$$
$$정이십면체 : f+v-e=20+12-30=2$$

가 됨을 알 수 있다.

제2장

영화 속 수학 이야기

2.1 영화 속의 수학

2.1.1 페르마의 밀실(2007)

개요 미스터리, 스릴러 스페인 88분(2007)
감독 루이스 피에드라이타(Luis Piedrahita), 로드리고 소페냐(Rodrigo Sopeña)
출연 루이스 호마르(힐버트)[Lluís Homar(Hilbert)], 알레조 사우라스(갈루아)[Alejo Sauras(Galois)], 엘레나 발레스테로스(올리바)[Elena Ballesteros(Oliva)] 샌티 밀란(파스칼)[Santi Millán(Pascal)], 페데리코 루피(페르마)[Federico Luppi(Fermat)]

'페르마의 밀실(La habitación de Fermat)'은 2007년 제작된 스페인의 공포영화로, 우리나라에서는 2012년에 개봉되었다. 영화의 모티브가 된 '골드바흐의 추측(Goldbach's conjecture)'은 소수(prime number)와 관련된 가장 유명한 미해결 문제 중의 하나이다. 이는 프러시아의 수학자 크리스티안 골드바흐(Christian Goldbach, 1690~1764)가 1742년 레온하르트 오일러(Leonhard Euler, 1707~1783)에게 보낸 편지에서 시작되었다.

> **예제** 2.1 골드바흐(Goldbach)의 가설이란 무엇인가?

---

① 모든 짝수=(1 또는 소수)+(1 또는 소수)

예를 들어

$$2 = 1+1$$
$$4 = 2+2 = 1+3$$
$$6 = 3+3 = 1+5$$
$$8 = 3+5 = 1+7$$

그러나 이 가설은 아직도 증명하지도 반증의 예를 찾지도 못하였다.

---

② 4보다 큰 짝수=(홀수인 소수)+(홀수인 소수)

예를 들어

$$6 = 3+3$$
$$8 = 3+5$$
$$10 = 3+7 = 5+5$$
$$12 = 5+7$$
$$14 = 3+11 = 7+7$$

③ $4n+2$ 형의 4보다 큰 짝수
  =($4n+1$ 형의 소수 또는 1)+($4n+1$ 형의 소수 또는 1).
예를 들어
$$6 = 5+1$$
$$10 = 5+5$$
$$14 = 1+13$$
$$18 = 5+13 = 1+17$$
$$22 = 5+17$$

크리스티안 골드바흐(Christian Goldbach, 1690~1764)는 1742년 레온하르트 오일러(Leonhard Euler, 1707~1783)에게 '2보다 큰 모든 정수는 세 소수의 합으로 나타낼 수 있다'라는 내용을 편지에 적어 보냈다. 당시 골드바흐는 1을 소수로 간주하였기 때문에 $3 = 1+1+1$과 같이 3, 4, 5가 세 소수의 합으로 표현된다고 잘못 생각한 것이다.

그러나 1은 소수가 아니기 때문에 이 편지를 받은 오일러는 골드바흐의 추측을 '2보다 큰 모든 짝수는 두 소수의 합으로 나타낼 수 있다'라고 좀 더 간단하게 바꾸었다.

다음은 영화 '페르마의 밀실'에서 PDA로 전송된 문제들이다.

▶예제 2.2 양치기가 양/늑대/양배추와 함께 강을 건너야 한다. 양과 늑대를 남겨두면 늑대가 양을 잡아먹고, 양과 양배추를 남겨두면 양이 양배추를 먹는다. 전부 다 무사히 가지고 가려면 어떻게 해야 할까? (한 번에 하나의 물건만 가지고 강을 건널 수 있다.)

[풀이]

맨 처음 양을 데리고 강을 건넌 다음, 양만 강 건너편에 두고 돌아온다. 양배추를 가지고 강을 건너 양배추를 놓은 뒤 양은 다시 데리고 온다. 세 번째로 강을 건널 때에는 늑대를 데리고 가서 건너편에 늑대와 양배추를 함께 있게 한다. 양치기가 양과 함께 마지막으로 강을 건너오면 모든 일행이 강을 건너가게 된다.

▶예제 **2.3** 과자가게 주인 불투명 상자 세 개를 받았는데, 상자 하나는 박하사탕이, 하나에는 아니스 사탕이 나머지 한 상자에는 박하와 아니스 사탕이 섞여 있다. 각 상자에는 '박하', '아니스', '혼합'이라고 라벨이 붙어있다. 하지만 과자가게 주인은 모두 라벨이 잘못 붙어 있다고 한다. 그럼 상자 속 내용물을 확인하기 위해서는 최소한 몇 번 사탕을 꺼내 보면 될까?

─ [풀이] ─

한 번만 열어보면 상자 속에 어떤 사탕이 들어있는지 알 수 있다. 세 개의 상자는 모두 다른 라벨이 붙어있으니, 혼합 상자에 하나의 사탕을 빼서 박하가 나오면 박하 사탕의 상자가 되고, 나머지 아니스 라벨의 상자는 '혼합'이 되고, 나머지 박하 라벨은 '아니스'가 된다.

>**예제** 2.4 다음 코드를 해독해보아라.

```
0 0 0 0 0 0 0 0 0 0 0 0 0 0 0 0 1 1 1 1 1 1 1 1 1 0 0
0 1 1 1 1 1 1 1 1 1 1 1 0 0 1 1 1 1 1 1 1 1 1 1 1 1 0
0 1 1 0 0 0 1 0 0 0 1 1 0 0 1 1 0 0 0 1 0 0 0 1 1 0
0 1 1 1 1 1 0 1 1 1 1 1 0 0 1 1 1 1 0 0 0 1 1 1 1 0
0 0 1 1 1 1 1 1 1 1 1 0 0 0 0 0 1 0 1 0 1 0 1 0 0 0
0 0 0 1 1 0 1 0 1 1 0 0 0 0 0 0 1 1 1 1 1 1 1 0 0 0
0 0 0 0 0 0 0 0 0 0 0 0 0
```

─ [풀이] ─────────────

169개의 코드, 즉 가로, 세로 13의 퍼즐이다. 0을 뒷면, 1을 앞면으로 표시하면,

답은 해골이다.

▶예제 **2.5** 밀폐된 방안에 전등이 하나 있다. 방 밖에는 세 개의 스위치가 있고. 스위치 셋 중 하나만이 전등을 켤 수 있다. 문이 닫혀 있는 동안에는 스위치를 마음대로 누를 수 있지만, 문을 열었을 때는 스위치 셋 중 어느 것이 전등을 켰는지 말해야 한다. 방 안에 한 번 들어가면 어떤 스위치가 불이 켜지는지 알아낼 때까지 나올 수 없다. 전등을 켤 수 있는 스위치는 셋 중에서 어느 것일까?

▶예제 **2.6** 4분짜리, 7분짜리 모래시계를 가지고 9분이라는 시간을 재는 방법은 무엇일까?

[풀이]

4분과 7분 모래시계를 동시에 시작한다. 4분 후 4분짜리를 재빨리 뒤집는다. 7분짜리는 3분 남았다. 3분 후 7분짜리가 끝나면 재빨리 뒤집는다. 4분짜리는 1분이 남아서 1분 후면 4분짜리는 끝나고 7분짜리는 1분이 지난 시점이다. 이때 7분짜리 모래시계를 재빨리 뒤집어주면 7분짜리가 1분이 남는다. 나머지 1분이 지나면 7분짜리도 끝난다. 이렇게 하면 총 9분의 시간을 잴 수 있게 된다.

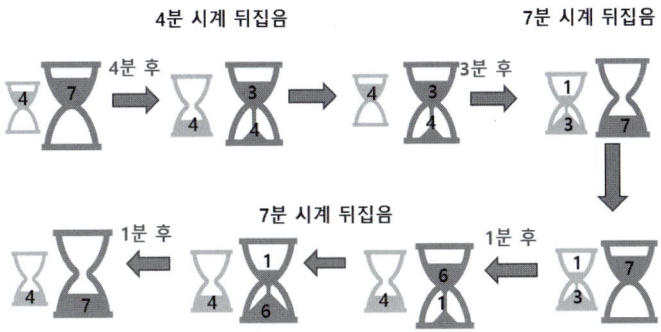

> **예제** 2.7 거짓의 나라에선 사람들이 다 거짓말을 하고, 진실의 나라에서는 사람들이 진실만을 말한다. 한 외국인이 문이 둘이 있는 방안에 갇혀 있다. 문 하나는 자유로 가는 문이고 다른 문은 아니다. 한 문은 거짓 나라의 간수가, 다른 한 문은 진실 나라의 간수가 지키고 있다. 자유로 가는 문을 찾기 위해서는 각각 한 번만 질문을 할 수 있는데, 당연히 누가 누구인지 모른다. 그럼 과연 어떤 질문을 해야 하는가?

> **예제** 2.8 "한 학생이 선생님께 세 딸의 나이를 물었다. 선생님은 세 딸의 나이를 곱하면 36이고 더하면 너희 집 주소라고 답했다. 그랬더니 학생이 설명이 더 있어야 한다고 말했고, 선생님은 설명이 부족하다는 것을 인정하면서 제일 큰 딸은 피아노를 친다고 답했다. 세 딸의 나이는 몇 살일까?"

2.1.2 다이하드 3(1995)

개요 액션, 범죄, 스릴러 미국 128분 1995.06.10 개봉
감독 존 맥티어난(John McTiernan)
출연 브루스 윌리스(Bruce Willis.), 제레미 아이언스(Jeremy John Irons)

다음은 영화 다이하드 3에 나온 문제 중 하나이다.

▶예제 2.9 5갤런짜리 물통과 3갤런짜리 물통을 이용해 4갤런 물을 만들어 저울 위에 올려라.

[풀이]

저울 폭탄이 설치되어있다. 5분 안에 이 저울 위에 4갤런 물을 올려놓아야 한다. 그런데 물통은 3갤런짜리와 5갤런짜리만 가지고 있다. 우선 5갤런 물통을 가득 채운 후 3갤런 물통에 따라서 2갤런의 물을 남긴다. 3갤런 물통을 비운 후 2갤런의 물을 거기에 붓는다. 마지막 단계로 5갤런 물통을 가득 채운 후 2갤런이 든 3갤런 물통에 1갤런의 물을 넣어 가득 채우면 5갤런 물통에는 정확히 4갤런의 물이 남는다.

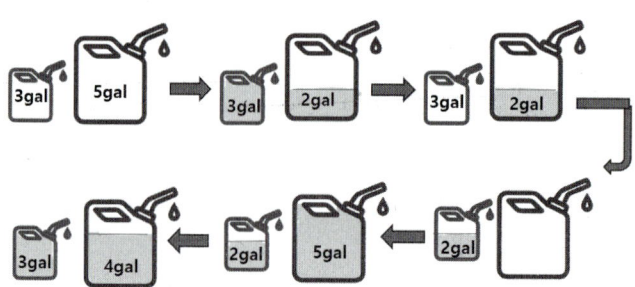

2.1.3 콘택트(Contact, 1997)

개요 SF 미국 145분 1997.11.15 개봉
감독 로버트 저메키스(Robert Zemeckis)
출연 조디 포스터(Jodie Foster), 매튜 맥커너히(Matthew McConaughey)

외계인과의 접촉(contact)을 소재로 한 〈콘택트〉에서는 소수가 영화의 실마리를 제공한다. 그러면 소수란 무엇일까?

▶예제▶ **2.10** 소수란 무엇인가?

─ [풀이] ─

'소수'는 2, 3, 5, 7, 11, 13, …과 같이 1과 자기 자신으로만 나누어 떨어지는 1보다 큰 자연수를 말한다.

소수에 해당하는 영어 단어는 prime number인데, prime에는 '중요한'이라는 뜻이 있다. 따라서 데이비드 베컴이나 마이클 조던처럼 팀에서 중요한 역할을 하는 선수는 중요한 수인 소수를 등번호로 선택하는 경우가 많다.

> **예제** 2.11 1은 왜 소수가 될 수 없을까?

[풀이]

만약 1을 소수로 받아들인다면, 숫자 10을 소인수 분해한 결과가 2×5 단 한 가지만 나오는 것이 아니라 $1 \times 2 \times 5$, $1^2 \times 2 \times 5$, $1^3 \times 2 \times 5$, ⋯ 등 다양한 형태로 나타난다. 이것은 어떤 수를 소인수분해 했을 때, 단 한 가지 형태로 나타나야 한다는 산술의 기본 정리에 어긋난다.

산술의 기본정리

$n > 1$인 임의의 정수는 소수의 곱으로 유일하게 표현된다.

즉, 소수 $p_1, p_2, p_3, \cdots, p_n$가 존재해서 $n = p_1 p_2 p_3 \cdots p_n$를 만족한다. 이 표현은 유일하다.

소수에 관한 의문

① 모든 소수를 표현하는 공식은 무엇인가?
② 백만 개의 연속된 합성수를 발견할 수 있을까?
③ 1과 1,000 사이, 1,000과 2,000 사이 그리고 2,000과 3,000 사이에는 각각 얼마나 많은 소수가 있을까?
④ 소수의 집합은 유한집합일까? 무한집합일까?
⑤ 차이가 정확히 2인 소수 쌍이 얼마나 있을까?
  (이들을 쌍둥이소수라고 한다.)

정리 2.1

임의의 양의 정수 k에 대해 k개의 연속된 합성수가 존재한다.

[증명]

연속된 k개의 정수

$$(k+1)!+2, \ (k+1)!+3, \ \cdots, \ (k+1)!+k, \ (k+1)!+(k+1)$$

은 모두 합성수이다.

왜냐하면

$(k+1)!+2 = 2 \cdot 3 \cdot 4 \cdots k(k+1)+2 = 2[3 \cdot 4 \cdots k(k+1)+1],$
$(k+1)!+3 = 2 \cdot 3 \cdot 4 \cdots k(k+1)+3 = 3[2 \cdot 4 \cdots k(k+1)+1],$
$\quad \vdots$
$(k+1)!+k = 2 \cdot 3 \cdot 4 \cdots k(k+1)+k = k[2 \cdot 3 \cdot 4 \cdots (k-1)(k+1)+1],$
$(k+1)!+(k+1) = 2 \cdot 3 \cdot 4 \cdots k(k+1)+k+1 = (k+1)[2 \cdot 3 \cdot 4 \cdots k+1]$

이다. 따라서 연속된 k개의 정수

$$(k+1)!+2, \ (k+1)!+3, \ \cdots, \ (k+1)!+k, \ (k+1)!+(k+1)$$

는 모두 합성수이다.

> **예**
>
> $N = 6 \cdot 5 \cdot 4 \cdot 3 \cdot 2 = 6! = 720 = 2^4 \times 3^2 \times 5$: 합성수
>
> $N+2 = 2(6 \cdot 5 \cdot 4 \cdot 3 + 1) = 722 = 2 \times 19^2$
>
> $N+3 = 3(6 \cdot 5 \cdot 4 \cdot 2 + 1) = 723 = 3 \times 241$
>
> $N+4 = 4(6 \cdot 5 \cdot 3 \cdot 2 + 1) = 724 = 2^2 \times 181$
>
> $N+5 = 5(6 \cdot 4 \cdot 3 \cdot 2 + 1) = 725 = 5^2 \times 29$
>
> $N+6 = 6(5 \cdot 4 \cdot 3 \cdot 2 + 1) = 726 = 2 \times 3 \times 11^2$
>
> 모두 합성수로, 5개의 연속된 합성수다.
>
> 일반적으로 $n!+2$, $n!+3$, $\cdots$, $n!+n$은 $n-1$개의 연속된 합성수이다.

예제 2.12 백만 개의 연속된 합성수를 발견할 수 있을까?

[풀이]

정리 2.1에 의해 $n!+2$, $n!+3$, $\cdots$, $n!+n$은 $n-1$개의 연속된 합성수이다.

따라서 연속된 백만 개의 정수 $(1,000,001)!+2$, $(1,000,001)!+3$, $\cdots$, $(1,000,001)!+1,000,000$, $(1,000,001)!+1,000,001$은 모두 합성수이다.

> **예제** 2.13 소수는 어떻게 찾을 수 있는가?

---- [풀이] --

많은 자연수 중에서 소수를 가려내는 방법으로 '에라토스테네스의 체'가 잘 알려져 있다.

> **에라토스테네스의 체**
> 아래의 방법을 통해 소수를 찾을 수 있다.
> ① 수를 먼저 나열한다.
> ② 가장 작은 소수 2부터 시작하여 배수를 지워나간다.
> ③ 소수의 제곱이 제일 큰 숫자를 넘으면 실행을 멈춘다.
>   남는 것이 소수이다.

예
1에서 40까지의 자연수 중에서 소수들을 가려내 보자.

$$n = 40 \text{이면 } 6 < \sqrt{40} < 7.$$

따라서 2에서 40까지의 수를 차례로 쓰고 7보다 작은 소수, 즉 2, 3, 5를 남기고 2, 3, 5의 각각의 배수들을 지우면 남는 수들이 소수이다. 즉, 40보다 작은 소수는 2, 3, 5, 7, 11, 13, 17, 19, 23, 29, 31, 37이다.

▶︎**예제** 2.14 1과 1,000 사이, 1,000과 2,000 사이, 2,000과 3,000 사이에는 각각 얼마나 많은 소수가 있을까?

---[풀이]---

에라토스테네스의 체를 이용하면 구할 수 있다.

$31 < \sqrt{1000} < 32$이다. 2에서 1,000까지의 수를 차례대로 쓰고 32보다 작은 소수 2, 3, 5, 7, 11, 13, 17, 19, 23, 29는 남기고 각각의 배수들을 지우면 남는 수들이 1과 1,000 사이 소수이다.

같은 방법으로 $44 < \sqrt{2000} < 45$이므로 1,000에서 2,000까지의 수를 차례로 쓰고 45보다 작은 소수 2, 3, 5, 7, 11, 13, 17, 19, 23, 29, 31, 37, 41, 43은 남기고 각각의 배수들을 지우면 남는 수들이 1,000과 2,000 사이 소수이다.

▶︎**예제** 2.15 소수를 만들어내는 함수, 즉 '소수 생성 다항식(prime generating polynomial)'이 있을까?

① 오일러가 제안한 소수 생성 다항식

1772년 오일러는 $f(x) = x^2 + x + 41$가 소수를 만들어내는 함수라고 했다. 실제로 x에 0부터 39까지의 정수를 대입했을 때

$$f(0) = 41, \ f(1) = 43, \ f(2) = 47, \ \cdots$$
$$f(37) = 1447, \ f(38) = 1523, \ f(39) = 1601$$

이고 모두 소수가 된다.

그러나 $f(40) = 1681 = 41^2$이다. 이것은 소수가 아니다.

② 페르마가 제안한 소수 생성 다항식

페르마는 소수만을 나타내는 공식으로 $F(n) = 2^{2^n} + 1$을 만들었다.

$$F(1) = 2^{2^1} + 1 = 5, \ F(2) = 2^{2^2} + 1 = 17,$$
$$F(3) = 2^{2^3} + 1 = 257, \ F(4) = 2^{2^4} + 1 = 65,537$$

등은 소수이다.

그러나 1세기가 지난 후 오일러가

$$F(5) = 2^{2^5} + 1 = 2^{32} + 1 = 4,294,967,297 = 641 \times 6,700,417$$

임을 보였다. 페르마가 제안한 다항식도 많은 소수를 나타낼 수 없음이 입증되었다.

③ 메르센이 제안한 소수 생성 다항식

메르센은 $p = 2, 3, 5, 7, 13, 17, 31, 67, 127, 257$일 때

$$M(p) = 2^p - 1$$

이 소수라고 주장하였다.

그러나 $2^{67} - 1 = 193,707,721 \times 761,838,257,287$은 소수가 아니다.

아드리앵 마리 르장드르

오일러의 제자인 수학자 아드리앵 마리 르장드르(Adrien-Marie Legendre, 1752~1833)는 유리수 계수를 갖는 다항식이면서 항상 소수를 만들어내는 소수 생성 다항식이 존재하지 않음을 증명했다.

>**예제** 2.16 소수의 수효는 유한인가?

[풀이]

소수의 집합이 무한집합임을 고대 그리스 수학자 유클리드가 증명했다. 그 방법을 소개하면 아래와 같다.

소수의 집합이 유한이라고 가정하고 $p_1, p_2, \cdots, p_n (p_1 < p_2 < \cdots < p_n)$이 소수 전체라고 하고 $P = p_1 p_2 \cdots p_n + 1$이라 두자.

즉, $P = p_1 \times p_2 \times p_3 \times \cdots \times p_n + 1 = 2 \times 3 \times 5 \times 7 \times 11 \times \cdots \times p_n + 1$이면 $P > 1$이므로 P의 약수인 소수 p가 존재한다. p는 소수이고 또 존재하는 모든 소수는 $p_1, p_2, \cdots, p_n$ 중의 하나이므로 $p = p_i (1 \leq i \leq n)$가 되어 p는 $p_1 p_2 \cdots p_i \cdots p_n$의 약수가 된다.

따라서 p는 $P - p_1 \times p_2 \times p_3 \times \cdots \times p_n = 1$의 약수가 된다. p가 소수이므로 $p > 1$이어야 한다. 이것은 모순이다. 그러므로 소수의 집합은 무한집합이다.

> **소수 사막**
> 수를 나열하였을 때 어떤 구간에는 비교적 많은 소수가 존재하지만, 어떤 구간에는 소수가 존재하지 않는 '소수 사막(prime desert)'이 나타난다.

예를 들어 9,999,900과 10,000,000 사이에 있는 100개의 수에는 9,999,901, 9,999,907, 9,999,929, 9,999,931, 9,999,937, 9,999,943, 9,999,971, 9,999,973, 9,999,991 등 총 9개의 소수가 존재하지만, 10,000,000과 10,000,100 사이에 있는 수에는 10,000,019, 10,000,079 등 단지 2개의 소수만 존재할 뿐이다.

> **소수 주사위**
>
> 임의의 수가 소수일 확률은 각각 한 면에 소수가 적힌 정다면체를 던져 소수가 적힌 면이 나오는 확률에 가까운 값이 된다. 이와 같은 의미로 한 면이 소수인 정다면체 주사위를 '소수 주사위'라고 한다.

n보다 작거나 같은 소수의 개수를 나타내는 함수를 $\pi(n)$이라고 하자. 그러면 1부터 n까지의 자연수 중에서 임의로 하나를 선택하였을 때 그 수가 소수일 확률은 $\dfrac{\pi(n)}{n}$이다. 예를 들어 1부터 10까지의 소수는 2, 3, 5, 7로 4개이므로 $\pi(10) = 4$이고, 1부터 100까지의 소수는 25개이므로 $\pi(100) = 25$이다. 따라서 1부터 100까지의 수에서 임의로 선택한 수가 소수일 확률은 $\dfrac{25}{100} = \dfrac{1}{4}$이고, 이것은 한 면이 소수인 정사면체 주사위를 던져 소수가 적힌 면이 나오는 확률과 같다.

같은 방법으로 1부터 1,000까지의 자연수에서 임의로 선택한 수가 소수일 확률은 $\dfrac{168}{1000} \simeq \dfrac{1}{6}$이므로, 한 면이 소수인 정육면체 주사위를 던져 소수가 적힌 면이 나오는 확률과 비슷한 값이 된다. 마찬가지로 1부터 10,000, 1,000,000, 1,000,000,000까지의 수에서 선택한 임의의 수가 소수일 확률은 각각 한 면에 소수가 적힌 정팔면체, 정십이면체, 정이십면체를 던져 소수가 적힌 면이 나오는 확률에 가까운 값이 된다. 이와 같은 의미로 한 면이 소수인 정다면체 주사위를 소수 주사위라고 한다.

n	100	1,000	10,000	1,000,000	1,000,000,000
$\pi(n)$	25	168	1,229	78,498	50,847,534
$\dfrac{\pi(n)}{n}$	$\dfrac{25}{100}=\dfrac{1}{4}$	$\dfrac{168}{1,000}\cong\dfrac{1}{6}$	$\dfrac{1,229}{10,000}\cong\dfrac{1}{8}$	$\dfrac{78,498}{1,000,000}\cong\dfrac{1}{12}$	$\dfrac{50,847,534}{1,000,000,000}\cong\dfrac{1}{20}$
소수 주사위	정사면체	정육면체	정팔면체	정십이면체	정이십면체

> **예제 2.17** 쌍둥이소수와 사촌소수란 무엇인가?

[풀이]

'쌍둥이소수(twin prime)'는 $(p,\ p+2)$가 모두 소수인 경우를 말한다. 예를 들면 아래와 같은 소수 쌍은 쌍둥이소수이다.

$(3,\ 5),\ (5,\ 7),\ (11,\ 13),\ (17,\ 19),\ (29,\ 31),\ (41,\ 43),$
$(179,\ 181),\ (191,\ 193),\ (197,\ 199),\ (227,\ 229),\ (239,\ 241),$
$(269,\ 271),\ (281,\ 283),\ (311,\ 313),\ \cdots$

그런데 쌍둥이소수가 무한히 많다는 것은 아직 증명되지 못한 미해결 문제이다.

'사촌소수(cousin prime)'는 (19, 23), (37, 41)과 같이 $(p,\ p+4)$인 소수 쌍, '섹시소수(sexy prime)'는 (31, 37), (41, 47)과 같이 $(p,\ p+6)$인 소수 쌍을 말한다.

▶예제 **2.18** 메르센 소수란 무엇인가?

[풀이]

$p = 2^n - 1$ 형의 소수를 메르센 소수라 한다.

예를 들어 첫 번째 메르센 소수는 $2^2 - 1 = 3$이고, 두 번째 메르센 소수는 $2^3 - 1 = 7$, 세 번째 메르센 소수는 $2^5 - 1 = 31$이다.

1963년 미국 일리노이 대학에서 23번째 메르센 소수인 $2^{11213} - 1$을 발견했는데 이를 기념하기 위해 기념 우표를 만들었다. 지금까지 발견된 가장 큰 메르센 소수는 47번째 메르센 소수인 $2^{43112609} - 1$로써 약 1,300만 자리의 수이다.

2.1.4 박사가 사랑한 수식(2006)

개요 드라마, 가족, 멜로/로맨스 일본 116분 2006.11.09 개봉
감독 코이즈미 타카시(Koizumi Takashi)
출연 테라오 아키라(Terao Akira), 후카츠 에리(Fukatsu Eri)

교통사고로 인해 80분밖에 기억을 유지하지 못하는 수학박사는 세상의 모든 것을 숫자를 통해 풀이한다. 그는 10번째로 채용한 싱글맘 가정부 그리고 그녀의 아들과 수를 통해 소통하는 모습을 보인다. 수식뿐 아니라 사람의 마음과 인생을 매우 아름답게 그린 감동적인 영화이다. 영화에서 나왔던 수학적 개념들을 살펴보자.

예제 2.19 완전수란 무엇인가?

[풀이]

자신 이외의 약수의 합이 자신과 같은 수를 완전수라 한다.

예를 들어

6의 약수는 1, 2, 3, 6이고 $6 = 1 + 2 + 3$이다.

28의 약수는 1, 2, 4, 7, 14, 28이고 $28 = 1 + 2 + 4 + 7 + 14$이다.

496의 약수는 1, 2, 4, 8, 16, 31, 62, 124, 248, 496이고

$496 = 1 + 2 + 4 + 8 + 16 + 31 + 62 + 124 + 248$이다.

8,128의 약수는 1, 2, 4, 8, 16, 32, 64, 127, 254, 508, 1016, 2032, 4064, 8128이고 $8,128 = 1 + 2 + 4 + 8 + 16 + 32 + 64 + 127 + 254 + 580 + 1,016 + 2,032 + 4,064$이다.

따라서 6, 28, 496, 8128은 완전수이다.

> 완전수에 관한 질문
> 1. 완전수를 어떻게 찾을 수 있는가?
> 2. 완전수는 무한히 많은가?
> 3. n번째 완전수는 n자릿수인가?
> 4. 짝수인 완전수의 일의 자릿수는 항상 반복적으로 6 또는 8인가?
> 5. 홀수인 완전수는 존재하는가?

3번 'n번째 완전수는 n자릿수인가?'하는 문제에 대해서는 완전수 6, 28, 496, 8128은 각각 1자리, 2자리, 3자리, 4자리의 수이지만 다섯 번째 완전수는 33,550,336으로써 다섯 자릿수가 아니다. 따라서 3번 가설은 참이 아니다.

4번 '짝수인 완전수의 일의 자릿수는 항상 반복적으로 6 또는 8인가?' 에서 첫 번째 완전수부터 다섯 번째 완전수까지 6, 28, 496, 8,128, 33,550,336은 6과 8이 교대로 나타나지만, 여섯 번째 완전수는 8,589,869,056으로써 일의 자릿수가 8이 아니다. 따라서 4번 가설도 참이 아니다. 여기서 1번, 2번, 5번은 아직 해결되지 않은 문제이다.

Note

4개의 완전수를 소인수분해하고 그 결과를 살펴보자.

$$6 = 2^1 \cdot 3 = 2^1(2^2-1)$$
$$28 = 2^2 \cdot 7 = 2^2(2^3-1)$$
$$496 = 2^4 \cdot 31 = 2^4(2^5-1)$$
$$8128 = 2^6 \cdot 127 = 2^6(2^7-1)$$

위의 결과로부터 짝수 완전수는 2^p-1이 소수일 때 $2^{p-1}(2^p-1)$ 형태로 주어지는 것을 추측할 수 있다.

오일러는 짝수인 모든 완전수에 대하여 다음과 같은 내용을 발표했다.

정리 2.2 오일러(Leonhard Paul Euler, 1772년)

만약 2^k-1 $(k>1)$이 소수이면 $n=2^{k-1}(2^k-1)$은 완전수이고 짝수인 모든 완전수는 이와 같은 형태이다.

유클리드(Euclid)는 그의 원론 제Ⅳ권에서, 만약에 2^n-1이 소수이면 $2^{n-1}(2^n-1)$은 완전수라는 사실을 기원전 350~300년경에 증명했고

2,000여 년 뒤에 오일러가 짝수인 모든 완전수는 이런 꼴임을 보임을 보였다.

Note
짝수인 완전수의 일의 자릿수는 항상 반복적으로 6 또는 8인 것은 아니지만, 항상 6 또는 8임은 보일 수 있다.

정리 2.3
짝수인 완전수의 일의 자릿수는 항상 6 또는 8이다.

[증명]

n을 짝수인 완전수라 하면 $2^k - 1$인 메르센 소수에 대해 $n = 2^{k-1}(2^k - 1)$의 형태를 갖는다. 또한 k는 소수이다. 따라서 $k = 2$이면 $n = 6$이고, $k > 2$라면 k가 소수이므로 k를 4로 나누면 나머지가 1이거나 3이어야 한다.

$k = 4m + 1$이면
$n = 2^{4m}(2^{4m+1} - 1) = 2^{8m+1} - 2^{4m} = 2 \cdot 16^{2m} - 16^m$이다.

양의 정수 t에 대해 16^t을 10으로 나누면 나머지가 6이다.   (∵)

$t = 1$이면 $16^1 = 16 = 1 \times 10 + 6$이므로 $t = 1$일 때 성립한다.

$t = p$일 때 성립한다고 가정하자.

16^p을 10으로 나누면 나머지가 6이므로 $16^p = r \times 10 + 6$을 만족하는 정수 r이 존재한다.

따라서 $16^{p+1} = 16 \times 16^p = 16(r \times 10 + 6)$
$= 160r + 96 = 10(16r + 9) + 6$이다.

그러므로 수학적 귀납법에 의해 임의의 양의 정수 t에 대해 16^t을 10으로 나누면 나머지가 6이다.

따라서 $k=4m+1$이면 $16^{2m}=r_1\times 10+6$, $16^m=s_1\times 10+6$인 정수 r_1, s_1가 존재한다. $n=2\cdot 16^{2m}-16^m=2(r_1\times 10+6)-(s_1\times 10+6)=(2r_1-s_1)\times 10+6$이므로 n을 10으로 나누면 나머지가 6이다.

같은 방법으로 $k=4m+3$이면 $n=2^{4m+2}(2^{4m+3}-1)=2^{8m+5}-2^{4m+2}=32\cdot 16^{2m}-4\cdot 16^m$이다.

여기서 $16^{2m}=r_2\times 10+6$, $16^m=s_2\times 10+6$인 정수 r_2, s_2가 존재하므로

$$n=32\cdot 16^{2m}-4\cdot 16^m=32(r_2\times 10+6)-4(s_2\times 10+6)$$
$$=(32r_2-4s_2+16)\times 10+8$$

이다. 따라서 n을 10으로 나누면 나머지가 8이다.

그러므로 모든 짝수인 완전수의 일의 자릿수는 항상 6 또는 8이다.

수학적 귀납법

N : 자연수들의 집합이고, $S\subset N$일 때

① $1\in S$이고
② 자연수 $k\in N$에 대해 $k\in S$일 때, $k+1\in S$이다.

①, ②를 만족하면 $S=N$이 성립한다.

Note

i) 첫 번째부터 다섯 번째 완전수는 1부터 연속된 자연수의 합으로 나타낼 수 있다. 등비수열의 합의 공식을 적용하면 1부터 2^n-1까지 일련의 자연수의 합은 $\dfrac{2^n(2^n-1)}{2}=2^{n-1}(2^n-1)$이 되므로, $2^{n-1}(2^n-1)$ 형태의 완전수는 1부터 2^n-1까지 연속된 자연수의 합으로 표현될 수 있다. 즉,

$$6=1+2+3=2^1(2^2-1)=2\times 3$$
$$28=1+2+3+4+5+6+7=2^2(2^3-1)=4\times 7$$
$$496=1+2+3+\cdots+30+31=2^4(2^5-1)=16\times 31$$
$$8,128=1+2+3+\cdots+126+127=2^6(2^7-1)=64\times 127$$
$$33,550,336=1+2+3+\cdots+8190+8191=2^{12}(2^{13}-1)$$
$$=4096\times 8191$$

ii) 6을 제외한 완전수는 1부터 연속된 홀수의 세제곱의 합으로 표현된다. 즉,

$$28=1^3+3^3$$
$$496=1^3+3^3+5^3+7^3$$
$$8,128=1^3+3^3+5^3+\cdots+13^3+15^3$$

>**예제** 2.20 친화수, 부족수와 과잉수란 무엇인가?

[풀이]

ⅰ) 친화수

친화수는 두 수의 약수 중 두 수를 제외한 수들을 각각 더하면 서로 상대편 수가 되는 것이다. 예를 들면 220의 약수는 1, 2, 4, 5, 10, 11, 20, 22, 44, 55, 110, 220이고 284의 약수는 1, 2, 4, 71, 142, 284이다. 여기서

$$1+2+4+5+10+11+20+22+44+55+110=284$$이고
$$1+2+4+71+142=220$$

이 된다.

그러므로 220과 284는 친화수이다.

현재까지 친화수 쌍은 둘 다 짝수 혹은 홀수로만 존재하며 짝수와 홀수가 친화수가 되는 경우는 발견되지 않았다. 그리고 친화수의 쌍이 무한한지 유한한지도 증명이 되지 않은 상태이다.

ⅱ) 부족수

부족수는 어느 자연수의 자기 자신을 제외한 약수의 합이 원래 자연수보다 작은 값이 나오는 수를 말한다. 예를 들어 4의 약수는 1, 2, 4이고 $1+2=3<4$이므로 4는 부족수이다. 그리고 8의 약수는 1, 2, 4, 8이고 $1+2+4=7<8$이므로 8도 부족수이다.

실제로 모든 소수는 부족수이다. 왜냐하면 소수는 1과 자신을 제외하고는 약수를 가지지 않는 수이므로 자신을 제외한 약수는 1뿐이다. 소수의 정의에서 소수는 1보다 큰 수이어야 하므로 소수는 부족수가 된다.

iii) 과잉수

과잉수란 부족수와는 반대의 개념이다. 즉 어느 자연수에서 자기 자신을 제외한 약수의 합이 원래 자연수보다 큰 값이 나오는 수이다.

예를 들어 12의 약수는 1, 2, 3, 4, 6, 12이고 $12 < 1+2+3+4+6$이다. 그러므로 12는 과잉수이다.

2.1.5 프루프(2005)

개요 드라마 미국 99분
감독 존 매든(John Madden)
출연 기네스 팰트로우(Gwyneth Kate Paltrow), 안소니 홉킨스(Anthony Hopkins)

이 영화는 정신병이 있었던 천재 수학자의 딸이 아버지가 죽은 후 그의 제자와 함께 아버지의 업적을 증명하기 위해 노력한다는 내용인데, 제목 '프루프'는 무슨 의미일까? 이것을 설명하기 위해서는 명제의 개념 정의가 필요하다.

명제(Proposition, Statement)란 참이나 거짓이 명확하게 구분이 되는 문장, 다시 말해 문장이나 식이 애매하지 않고, 참인지 거짓인지를 분명하게 판별할 수 있는 문장, 참이거나 거짓이로되 동시에 양쪽은 아닌 서술문을 말한다.

예를 들면 '대구는 경상북도의 도시이다', '$3 \times 4 \geq 12$' 등은 참인 명제이다. 그리고 '달은 푸른 치즈로 만들어졌다', '$2+1$은 5와 같다' 등은 거짓인 명제이다.

그리고 '안녕하십니까?', '우리의 파티로 오너라.', '컴퓨터의 가격은 비싸다.' 등은 모두 참, 거짓을 묻는다는 것이 무의미하므로 명제가 아니다.
한편 수학에서 정리(Theorem)는 참인 명제를 말하며 정리의 참을 밝히는 것을 증명(proof)이라고 한다.

그 외 수학을 소재로 한 영화는 아래와 같다.

2.1.6 용의자 X의 헌신(2008)

개요 범죄, 드라마, 미스터리 일본 128분 2009.04.09 개봉
감독 니시타니 히로시(Hiroshi Nishitani)
출연 후쿠야마 마사하루(Fukuyama Masaharu), 츠츠미 신이치(Tsutsumi Shinichi), 시바사키 코우(Shibasaki Kou)

살인사건의 용의자로 지목된 한 여인을 위해 치밀하고 완벽한 알리바이를 만든 천재 수학자와 조작된 알리바이를 밝혀내기 위해 그와 맞서는 천재 물리학자와의 흥미진진한 두뇌 싸움의 이야기이다.
용의자 X의 헌신의 한국판 영화는 다음과 같다.

2.1.7 용의자 X(2012)

개요 미스터리, 한국, 119분
감독 방은진
출연 류승범(석고), 이요원(화선), 조진웅(민범)

2.1.8 네이든(2015)

개요 드라마, 코미디 영국 111분 2015.06.25 개봉
감독 모건 매튜스(Morgan Matthews)
출연 에이사 버터필드(Asa Butterfield), 샐리 호킨스(Sally Hawkins), 라프 조셉 스팰(Rafe Joseph Spall)

2007년 TV에서 방영된 다큐멘터리 '뷰티풀 영 마인즈(Beautiful Young Minds)'는 고등학생들로 이루어진 한 팀이 국제수학경시대회(IMO)에 참가하기 위한 과정을 기록해 호평을 받았던 작품이다. 참가자 중 신경 발달장애가 있었지만, 수학에 천재성이 있는 '다니엘 라이트윙'이라는 10대 소년이 등장하는데 그가 바로 '네이든'의 모티브가 된 인물이다.

2.2 영화 속의 수학자

다음은 웨스트버지니아 출신의 괴짜 수학 천재 존 포브스 내시 주니어의 전기를 다룬 작품이다. 자신만의 '아이디어'를 찾아내기 위해 기숙사 유리창을 노트 삼아 단 하나의 문제에 매달릴 만큼 수학을 향한 그의 깊은 열정을 잘 엿볼 수 있는 작품이다.

2.2.1 뷰티풀 마인드(2002)

개요 드라마 미국 135분 2002.02.22 개봉
감독 론 하워드(Ron Howard)
출연 러셀 크로우(Russell Crowe), 에드 해리스(Ed Harris), 제니퍼 코넬리(Jennifer Connelly)

존 포브스 내시 주니어(John Forbes Nash, Jr., 1928.6.13.~2015.5.23.)는 미국 웨스트버지니아주 블루필드 출생 수학자로서 1994년 게임이론의 한 형태인 '내시균형(Nash Equilibrium)'을 정립하여 게임이론에 이바지한 공로로 노벨경제학상을 수상하였으며, 2015년 수학에서의 노벨상과 다름없는 아벨상(Abel Prize)을 수상하였다.

2.2.2 이미테이션 게임(2015)

개요 드라마, 스릴러 영국, 미국 114분 2015.02.17 개봉
감독 모튼 틸덤(Morten Tyldum)
출연 베네딕트 컴버배치(Benedict Cumberbatch), 키이라 나이틀리 (Keira Christina Knightley)

이미테이션 게임은 영국의 수학자·논리학자이자 계산기가 어디까지 논리적으로 작동할 수 있는가에 대하여 처음으로 지적인 실험을 시도한 학자이며 컴퓨터공학 및 정보공학의 이론적 토대를 마련한 것으로 평가되는 앨런 매시선 튜링(Alan Mathison Turing, 1912.6.23.~1954.6.7.)을 영화화한 작품이다.

2.2.3 무한대를 본 남자(2016)

개요 드라마 영국 108분 2016.11.03 개봉
감독 맷 브라운(Matthew Brown)
출연 데브 파텔(Dev Patel), 제레미 아이언스(Jeremy John Irons)

인도 빈민가의 수학 천재 '라마누잔'과 그의 천재성을 알아본 영국 왕립학회의 수학자 '하디 교수'의 지적인 브로맨스를 엿볼 수 있는 작품이다.

라마누잔(Ramanujan, 1887~1920)

인도의 수학자, 라마누잔(Ramanujan, 1887~1920)은 정수론, 분할 이론, 연분수의 이론에서 위대한 공헌을 하였다. 라마누잔의 수에 대한 뛰어난 감각을 말해주는 일화가 전해지는데, 그가 병석에 누웠을 때 병문안을 온 하디가 자신이 타고 온 택시 번호가 1729라고 말하자, 라마누잔은 1729는 두 개의 세제곱수의 합으로 나타내는 방법이 두 가지인 수 중에서 가장 작은 수라고 말했다고 한다. 실제로 $1729 = 1^3 + 12^3 = 9^3 + 10^3$로 표현된다.

라마누잔은 죽기 전 세 권의 노트를 남겼는데 거기에는 독창적인 내용이 많으며, 아직도 증명되지 않은 것이 수백 개나 된다.

고드프리 하디(Godfrey Harold Hardy, 1877.2.7.~1947.12.1.)

고드프리 하디는 인도 빈민가의 수학 천재 '라마누잔'의 천재성을 알아본 영국 왕립학회의 수학자이다. 해석적 정수론에 많은 업적이 있고, 가법적 수론에서의 오일러 법의 개량, 제타 함수에 관한 '리만의 예상'의 연구 등이 알려져 있다.

2.3 괴짜 천재들의 수학과 인생

2.3.1 폴 에어디쉬(Paul Erdős, 1913~1996)

폴 에어디쉬는 함수론, 기하학, 정수론 등 수학의 전 분야에 걸쳐 무려 1,475편의 논문을 남긴 20세기의 대표적인 수학자이다. 그는 1913년 헝가리 부다페스트에서 고등학교 수학 교사인 부모 사이에서 태어나 3살에 세 자릿수 곱셈을 암산으로 하고, 4살에 음수를 터득한 수학의 천재였다.

타고난 천재성을 뛰어넘는, 지칠 줄 모르는 수학에 대한 열정을 보여주는 유명한 일화 중 하나를 예를 들면 1996년 에어디쉬가 건강이 몹시 안 좋아졌을 무렵, 조합론, 그래프 이론, 계산 이론에 대한 국제 심포지엄에서 칠판에 무언가를 쓰다가 앞으로 쓰러졌다. 가슴에 마이크를 부착한 채로 강단에 엎드려 있는 에어디쉬를 보고 사람들은 크게 당황했지만, 그는 의식을 회복한 후 "사람들에게 가지 말라고 해 주세요. 설명해 줄 문제가 두 개나 더 남아 있어요."라고 말한 후 문제를 계속 풀었다고 한다. 이처럼 평생 수학에 대한 탐구를 멈추지 않았던 에어디쉬는 '죽는다'를 '수학을 그만둔다'라는 말로 표현했다고 한다.

2.3.2 에바리스트 갈루아(Évariste Galois, 1811~1832)

갈루아는 현대 핵물리학과 양자론의 이론적 토대를 제공한 군 이론을 처음으로 고안하였고, 그것을 방정식의 해에 적용한 갈루아 이론으로 유명한 수학사에 한 획을 그은 프랑스 천재 수학자이다. 그는 5차 방정식의 대수적인 해법이 없음을 증명한 것으로 유명하다.

2.3.3 지롤라모 카르다노(Girolamo Cardano, 1501~1576.)

카르다노는 이탈리아 파비아에서 출생한 수학자·의사·자연철학자이다. 밀라노대학·파비아대학·볼로냐대학에서 수학·의학을 강의했고 1545년 3차 방정식의 대수적 방법을 공표하였다. 카르다노의 해법과 페라리가 발견한 4차 방정식의 해법은 16세기 수학의 최고의 성과라고 할 수 있다.

2.3.4 레온하르트 오일러(Leonhard Euler, 1707~1783)

해석학의 화신으로 불리는 오일러는 스위스의 수학자·물리학자이다. 수학·천문학·물리학뿐만 아니라, 의학·식물학·화학 등 많은 분야에 걸쳐 광범위하게 연구하였다. 수학 분야에서 미적분학을 발전시키고, 변분학을 창시하였으며, 대수학·정수론·기하학 등 여러 방면에 걸쳐 큰 업적을 남겼다.

2.3.5 아르키메데스(Archimedes, BC 287~BC 212)

아르키메데스는 고대 그리스 최대의 수학자·물리학자이다. '아르키메데스의 원리', "구에 외접하는 원기둥의 부피는 그 구 부피의 1.5배이다."라는 정리를 발견하였다. 그의 비석에는 그가 발견한 아르키메데스의 원리에 관한 내용이 적혀있다. 그 내용은 다음과 같다.

아르키메데스의 묘비
구와 같은 높이의 원뿔, 원기둥에 대해
원뿔의 부피 : 구의 부피 : 원기둥의 부피의 비는 1 : 2 : 3이고,
구의 겉넓이 : 원기둥의 겉넓이의 비는 2 : 3이다.

왜냐하면, 반지름이 r인 구의 부피는 $\frac{4}{3}\pi r^3$이고, 같은 높이를 갖는 원기둥의 부피는 $\pi r^2 \times 2r = 2\pi r^3$이다. 또한 반지름이 r이고 높이가 $2r$인 원뿔의 부피는 $\frac{1}{3}\pi r^2 \times 2r = \frac{2}{3}\pi r^3$이므로 원뿔의 부피 : 구의 부피 : 원기둥의 부피의 비는 $\frac{2}{3}\pi r^3 : \frac{4}{3}\pi r^3 : 2\pi r^3 = 1 : 2 : 3$이 된다.

그리고 구의 반지름을 r이라 하면 이 구에 외접하는 원기둥의 반지름도 r이고 높이는 $2r$이다. 원기둥의 전체 겉넓이는 $= 2\pi r^2 + 2\pi r \times 2r = 6\pi r^2$이므로 구의 겉넓이 : 원기둥의 겉넓이의 비는 $4\pi r^2 : 6\pi r^2 = 2 : 3$이다.

2.3.6 디오판토스(Diophantus)

3세기 후반 알렉산드리아에서 활약했던 그리스의 수학자이고 주요 저서는 산수론이 있다. 디오판토스는 정수론에 공헌이 컸으며, 대수학에서 처음으로 문자를 이용해 식을 나타내어 대수학의 아버지로 불린다.

전설에 의하면 그의 묘비에는 다음과 같이 기록되어 있었다고 한다.

> **디오판토스의 묘비**
>
> 여기 디오판토스가 잠들었다. 신의 축복으로 태어난 그는 인생의 $\frac{1}{6}$을 소년으로 보냈다. 그리고 다시 인생의 $\frac{1}{12}$이 지난 뒤에는 얼굴에 수염이 자라기 시작했다. 다시 $\frac{1}{7}$이 지난 뒤 그는 아름다운 여인을 맞이하여 화촉을 밝혔으며, 결혼한 지 5년 만에 귀한 아들을 얻었다. 아! 그러나 그의 가엾은 아들은 아버지의 반밖에 살지 못했다. 아들을 먼저 보내고 깊은 슬픔에 빠진 그는 그 뒤 4년간 정수론에 몰입하여 스스로 달래다가 일생을 마쳤다.

위의 묘비를 토대로 디오판토스가 몇 살까지 살았는지 계산해보자. 디오판토스의 나이를 x라고 하면, 소년기는 $\frac{x}{6}$이고, 청년기는 $\frac{x}{12}$, 혼자 산 기간은 $\frac{x}{7}$이다. 또 그 후 5년 뒤 2세가 태어났고, 아들이 산 기간은 아버지 일생의 $\frac{1}{2}$이므로 $\frac{x}{2}$이며, 그 후 4년 뒤 디오판토스는 세상을 떠났다. 이것을 방정식으로 나타내면, $\frac{x}{6}+\frac{x}{12}+\frac{x}{7}+5+\frac{x}{2}+4=x$이므로 이 식을 정리하면 $x=84$가 된다.

즉, 디오판토스는 84세까지 살았다.

2.3.7 카를 프리드리히 가우스
(Johann Carl Friedrich Gauss, 1777~1855)

19세기 전반 독일의 최대의 수학자이자 과학자로서, 순수수학은 물론 응용 수학에도 눈부신 업적을 남겨 '수학의 왕자'로 불리고 있다. 10세 때 등차급수의 합을 구하는 공식을 알아내었고, 19세 때 삼각자와 컴퍼스만으로 정17각형을 그릴 수 있음을 증명하였다. 최소 제곱수를 발견하여 복소수평면을 발표하였으며, 1799년에는 이른바 대수학의 기본 정리를 증명하였다.

2.3.8 피에르 드 페르마(Pierre de Fermat, 1601~1665)

페르마(Fermat)는 프랑스에서 태어나 법학을 공부한 뒤에 변호사가 되었고, 1631년 지방의회 의원이 되었다. 그의 수학에 관한 연구는 주로 편지로만 결과를 남겼으며 살아있는 동안 연구 결과를 단 한 번도 발표한 적이 없다.

'페르마의 마지막 정리'로 유명한 페르마는 이 문제를 자신이 가지고 있던 디오판토스(Diophantus)의 산학(Arithmetica)이라는 책의 번역판 여백에 '나는 이미 이 문제의 감탄할 만한 증명 방법을 발견하였지만, 여백이 너무 좁아서 여기에 쓸 수는 없다'라고 적어놓았고 거의 300여 년 동안 수많은 수학자가 이 문제를 풀기 위해 애를 썼지만 풀 수가 없었다. 1994년 9월 19일 앤드류 와일즈(Andrew Wiles, 1953~)에 의하여 페르마의 마지막 정리가 드디어 증명되었고, 이 결과는 1995년 6월 Annals of Mathematics 잡지에 발행되었다.

페르마의 마지막 정리 내용은 다음과 같다.

> **페르마의 마지막 정리**
>
> 2보다 큰 자연수 n에 대하여 방정식 $x^n + y^n = z^n$을 만족시키는 자연수 (x, y, z)는 존재하지 않는다.

2.3.9 피타고라스(Pythagoras)

그리스의 종교가·철학자·수학자이다. 피타고라스는 음악과 수학을 중시하여 음악을 수학의 한 분과로 보았고, 만물의 근원을 '자연수'로 보았다. 자연수 계열의 연속항의 임의의 항까지의 합은 삼각수이고, 마찬가지로 기수 계열의 합은 정사각수, 우수계열의 합은 직사각수라는 방법으로 정의하였다.

'직각삼각형의 빗변 길이의 제곱은 다른 두 변의 길이를 각각 제곱하여 더한 것과 같다'라는 피타고라스 정리는 누구나 잘 알고 있다.

그런데 피타고라스는 자신의 저서를 남기지 않았기 때문에 그의 증명법이 전해지지 않았고, 그의 제자와 다른 학자의 저술에서 그가 이 정리를 증명했다는 것만 전해지고 있다. 한편, 현재까지 밝혀진 피타고라스 정리의 증명법 중에서도 유클리드의 증명법이 가장 잘 알려져 있다. 유클리드의 증명법을 소개하면 다음 그림과 같다.

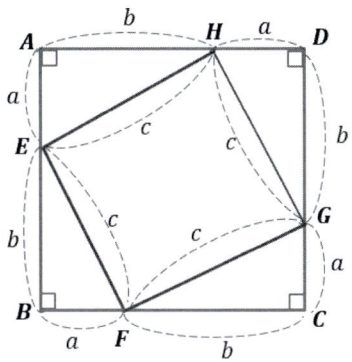

위 그림에서 보면 □ABCD의 면적은 △AEH, △EBF, △FCG, △GDH 그리고 □EFGH 각각의 면적의 합과 같다. 그런데 △AEH, △EBF, △FCG, △GDH은 두 변의 길이 a, b와 그 사이 낀 각이 직각으로서 같으므로 모두 합동이 된다. 그러므로 각 삼각형 빗변의 길이 $\overline{EH}$, $\overline{HG}$, $\overline{GF}$, $\overline{FE}$가 같다. 즉, □EFGH는 정사각형이 된다. □EFGH의 한 변의 길이를 c라고 하면 $(a+b)^2 = 4 \cdot \frac{1}{2}ab + c^2$을 만족한다. 정리하면 $c^2 = a^2 + b^2$가 성립함을 보일 수 있다.

2.3.10 피보나치(Fibonacci, Leonardo)

이탈리아의 수학자. 아라비아에서 발달한 수학을 섭렵하여 이를 정리·소개함으로써, 그리스도교 여러 나라의 수학을 부흥시킨 최초의 인물이다. 주요 저서로는 '주판서(1202)', '기하학의 실용(1220)' 등이 있다.

2.3.11 유클리드(Euclid, BC 330?~BC 275?)

BC 300년경에 활약한 그리스의 수학자. 그리스 기하학, 즉 '유클리드 기하학'의 대성자이다. 그의 저서 '기하학원론'은 기하학에서의 경전적 지위를 확보함으로써 유클리드라 하면 기하학과 동의어로 통용되는 정도에 이르고 있다.

2.3.12 오거스터스 드 모르간(Augustus De Morgan, 1806~1871)

영국의 수학자·논리학자·서지학자. 근대적인 대수학 개척자의 한 사람으로 알려져 있고, 특히 논리학적 측면을 개척하여 선각자로서의 역할을 하였으며, 확률론에도 공헌하였다. 우리에게는 드모르간의 법칙으로 잘 알려져 있다.

2.3.13 블레즈 파스칼(Blaise Pascal, 1623~1662)

프랑스의 수학자, 물리학자, 발명가, 철학자, 신학자. 16세에 '원추곡선론'을 기술하였고 19세에 계산기를 발명하였다. 확률론, 수론 및 기하학 등에 걸쳐서 많은 공헌을 하였다.

제3장
숫자 속 수학 이야기

>예제 **3.1** 세 자릿수를 생각한다. 백의 자릿수와 일의 자릿수의 차가 2 이상인 어떤 세 자릿수도 상관없다. 이제 이 수를 뒤집은 후에 큰 수에서 작은 수를 뺀다. 이를테면 582를 선택했다고 하자.

$$582 - 285 = 297 \quad \Rightarrow \quad 297 + 792 = 1089$$

그러면 $582 - 285 = 297$. 마지막으로 새로 얻은 세 자릿수를 뒤집어서 더한다. $297 + 792 = 1089$가 된다. 실제로 어떠한 세 자릿수를 가져오더라도 이와 같은 계산 과정의 마지막에 나타나는 수는 항상 1089이다. 왜일까?

[증명]

세 자릿수를 $a \times 10^2 + b \times 10 + c$라 하자. 백의 자릿수와 일의 자릿수의 차가 2 이상이므로 $a - c > 2$ 혹은 $c - a > 2$일 것이다. 편의상 $a > c$라 하자. 이 수를 뒤집은 후에 큰 수에서 작은 수를 뺀다고 했으므로

$$a \times 10^2 + b \times 10 + c - (c \times 10^2 + b \times 10 + a) = (a-c) \times 10^2 + c - a$$

여기서 $a > c$이므로 $c - a < 0$. 따라서

$$(a-c) \times 10^2 + c - a = (a-c-1) \times 10^2 + (9 \times 10) + (c-a+10)$$

이다. 새로 얻은 세 자릿수를 뒤집어서 더하면

$$[(a-c-1) \times 10^2 + (9 \times 10) + (c-a+10)]$$
$$+ [(c-a+10) \times 10^2 + (9 \times 10) + (a-c-1)]$$
$$= 9 \times 10^2 + 18 \times 10 + 9 = 1089$$

> **예제** 3.2 0부터 9까지 숫자 중에서 서로 다른 2개의 숫자 a, b(단, $a > b$)를 정하고 이 숫자를 크기순으로 배열해 2자리의 숫자 $10a+b$, $10b+a$를 2개 만든다. 두 수 중 큰 수에서 작은 수를 뺀다. 나온 숫자를 이용해 다시 2개의 숫자로 만들어 빼는 과정을 반복하는 과정에서 항상 숫자 9가 나오게 된다. 예를 들어 먼저 2와 5를 선택했다고 하자.

$$52 - 25 = 27 \quad \Rightarrow \quad 72 - 27 = 45 \quad \Rightarrow \quad 54 - 45 = 9$$

두 수 25와 52를 만들 수 있고 그 차이는 27이다. 27에서 27과 72를 만들 수 있고, 그 차이는 45이다. 여기서 만든 45와 54의 차이는 9가 된다. 또 숫자 0과 7을 선택한 경우에도 마찬가지로 9가 생긴다. 왜일까?

[증명]

$10a+b$, $10b+a$의 차이에서 그 이유를 찾을 수 있다.

$a > b$이므로 $10a+b - (10b+a) = 9(a-b)$는 $10a+b$보다 작은 9의 배수라는 것을 알 수 있다.

$0 < a-b \leq 9$이므로 정확하게 $9(a-b)$는 81 이하의 9의 배수이다. 즉 9, 18, 27, 36, 45, 54, 63, 72, 81에 대해서 앞에서와 같은 과정을 반복하면 다음과 같은 패턴을 반복하게 되고, 어떤 경우에도 차이가 9가 되는 결과가 나오게 되는 것이다.

$(09, 90) \quad \Rightarrow \quad (81, 18) \quad \Rightarrow \quad (63, 36) \quad \Rightarrow \quad (27, 72)$
$\qquad\quad 90-9=81 \qquad 81-18=63 \qquad 63-36=27$
$\hfill 72-27=45$
$\qquad\qquad\qquad\qquad (09, 90) \quad \Leftarrow \quad (45, 54)$
$\qquad\qquad\qquad\qquad\qquad 54-45=9$

예제 3.3 세 자리의 자연수를 떠올린다. 단, 555와 같이 똑같은 숫자로만 이뤄진 수는 제외한다. 이 수에서 각 자리의 숫자 순서를 뒤집은 뒤 두 수 중 큰 수에서 작은 수를 뺀다. 예를 들어 떠올린 세 자리의 숫자가 486이라면 684로 바꿔서 684에서 486을 뺀다. 이렇게 나온 값의 일의 자리 숫자를 알려주면 나머지 자리의 숫자도 맞힐 수 있을까?

$$486 \quad \Rightarrow \quad 684 - 486 \quad \quad 198$$

일의 자리의 수만 알면 두 수의 차이가 얼마인지 바로 알 수 있다. 즉, 일의 자리 숫자가 1이면 두 수의 차이는 891, 2이면 두 수의 차이는 792, 3이면 693, 4이면 594, 5이면 495, 6이면 396, 7이면 297, 8이면 198, 9이면 99이다. 이런 규칙이 어떻게 나왔을까?

[풀이]

임의의 세 자리의 자연수에서 백의 자리 숫자를 a, 십의 자리 숫자를 b, 일의 자리 숫자를 c라고 하면 임의의 세 자리의 자연수는 $100a+10b+c$로 표현할 수 있다. 각 자리의 숫자 순서를 뒤집으면 $100c+10b+a$가 된다. 이때 $a > c$라고 하면 두 수의 차는

$$(100a+10b+c)-(100c+10b+a)=100(a-c)-(a-c)$$

가 된다. $a-c$를 d라고 하면 $1 \leq d \leq 9$이고 두 수의 차는 $100d-d=99d$이다.

$$d=1\text{이면 } 99$$
$$d=2\text{이면 } 99 \times 2 = 198$$
$$d=3\text{이면 } 99 \times 3 = 297$$

$d=4$이면 $99 \times 4 = 396$

$d=5$이면 $99 \times 5 = 495$

$d=6$이면 $99 \times 6 = 594$

$d=7$이면 $99 \times 7 = 693$

$d=8$이면 $99 \times 8 = 792$

$d=9$이면 $99 \times 9 = 891$

그러므로 이 수의 십의 자리는 항상 9이고, 백의 자리와 일의 자리의 숫자의 합은 항상 9가 된다. 따라서 일의 자리나 백의 자리만 알아도 나머지 숫자를 맞힐 수가 있다.

▶예제 **3.4** 임의의 네 자리 자연수를 떠올린다. 각 자리의 숫자를 다시 배열해 작은 숫자와 큰 숫자 2개를 만든 뒤 이 둘의 차이를 구한다. 차이를 이루는 숫자 중 하나를 제외하고 3개를 알려준다면 나머지 숫자도 알 수 있을까? 예를 들어 떠올린 네 자리의 숫자가 1234라고 하자.

1234	⇨	3087	⇦
	4321 − 1234		9의 배수

─ [풀이] ─

임의의 4자리의 자연수 a, b, c, d를 다시 배열해 얻은 큰 숫자를 $1000a+100b+10c+d$, 작은 숫자를 $1000b+100c+10d+a$라 하면 그 차는 $999a-900b-90c-9d=9(111a-100b-10c-d)$로 9의 배수가 된다. 이때 네 자리의 자연수를 다르게 배열하더라도 그 차이는 항상 9의 배수가 된다.

따라서 차이에 해당하는 수의 각 자리의 숫자를 더한 값도 역시 9의 배수가 된다는 사실을 이용하면 숫자 3개로 나머지 숫자 1개도 바로 알 수 있다. 예를 들어 숫자 4개 중 3개가 4, 5, 2라면 나머지 숫자는 반드시 7이 된다. 게다가 이 규칙은 네 자리의 자연수가 아니더라도 항상 성립한다.

▶ 예제 3.5 지구 허리에 테를 빳빳하게 씌우고 조그마한 축구공의 허리에도 빳빳하게 테를 씌운다고 하자. 그런데 테를 만들 때 부주의해서 둘 다 둘레의 길이를 $0.5m$ 더 길게 하였다. 그 테를 지구와 축구공에 씌웠을 때 어느 쪽에서 생긴 간격이 더 크겠는가?

[풀이]

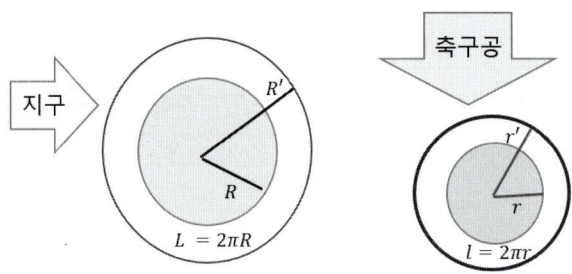

간격은 같다. 왜냐하면 지구의 둘레의 길이를 L, 축구공의 둘레의 길이를 l이라 하고 축구공의 반지름을 r, 지구 테의 반지름을 R이라 하면 축구공의 둘레는 $l=2\pi r$, 지구 테의 둘레는 $L=2\pi R$이 된다. 둘레의 길이를 $0.5m$ 더 늘여서 만든 축구공과 지구 테의 반지름을 각각 r', R'라 하면 $l+0.5=2\pi r'$이고 $L+0.5=2\pi R'$가 된다.

따라서 축구공 간격의 차이는 테의 반지름과 구의 반지름의 차가 간격이므로 지구에서의 간격은 $R' - R = \dfrac{L+0.5}{2\pi} - \dfrac{L}{2\pi} = \dfrac{0.5}{2\pi} = \dfrac{1}{4\pi}$이고 축구공에서의 간격은 $r' - r = \dfrac{l+0.5}{2\pi} - \dfrac{l}{2\pi} = \dfrac{0.5}{2\pi} = \dfrac{1}{4\pi}$이다.

그러므로 두 간격은 같다.

▶예제▶ **3.6** 1부터 100까지의 자연수의 합은 얼마인가?

---[풀이]---

$$1+2+\cdots+100 = \dfrac{100 \times 101}{2} = 5{,}050$$

예제 3.6에서 실제로 $S = 1+2+\cdots+n$이라고 하면

$$\boxed{\;\underset{n}{1} \;+\; \underset{n-1}{2} \;+\; \underset{n-2}{3} \;+\; \cdots \;+\; \underset{2}{n-1} \;+\; \underset{1}{n}\;}$$

$$2S = S + S = (1+n) + (2+n-1) + (3+n-2) + \cdots + (n+1)$$
$$= n(n+1)$$

따라서 $S = \dfrac{n(n+1)}{2}$.

Note

삼각수 : 1, 3, 6, 10, 15, …

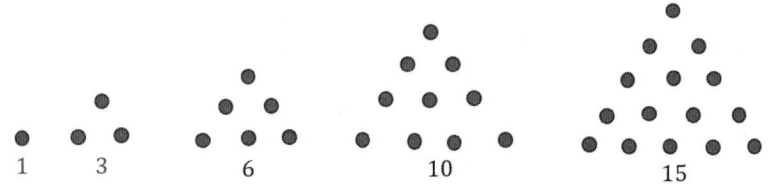

$$T_1 : 1 = \frac{1(1+1)}{2}$$

$$T_2 : 1+2 = 3 = \frac{2(2+1)}{2}$$

$$T_3 : 1+2+3 = 6 = \frac{3(3+1)}{2}$$

$$T_4 : 1+2+3+4 = 10 = \frac{4(4+1)}{2}$$

$$\vdots$$

이 방법을 계속하면 삼각수열의 일반항은 $T_n = 1+2+3+\cdots n = \frac{n(n+1)}{2}$ 이라는 것을 알 수 있다.

▶예제 3.7 공장 창고나 적치장에서는 철관이나 통나무 등 재료를 가지런하게 무더기로 쌓아놓는다. 이렇게 하면 수효를 헤아리기도 편리하고 보기도 좋다. 가령 길이나 굵기가 같은 철관이 무더기 있다고 하자. 노동자들은 밑층의 개수만 헤아리면 이 무더기에 철관이 모두 몇 개인지 당장 알아낼 수 있다. 왜일까?

[풀이]

밑층 철관의 개수가 n이면 밑으로부터 2번째 층은 $n-1$개이고 세 번째 층은 $n-2$개, 맨 윗 층의 개수는 1개뿐이다.

따라서 무더기에 철관의 개수는 $S=1+2+\cdots+n=\dfrac{n(n+1)}{2}$개이다.

가령 밑층 철관의 개수가 30개이면 무더기에 철관의 개수는 $S=\dfrac{30\times 31}{2}=465$개가 된다.

▶예제 3.8 철수는 25주 동안 1주일에 100만 원을 급료로 받고 있고 민수는 25주 동안 첫 번째 주에 10원, 둘째 주에 20원, 셋째 주에 40원 … n번째 주에 $2^{n-1}10$원을 급료로 받고 있다. 25주 동안의 급료로 누가 더 많은 돈을 받을까?

[풀이]

철수의 급료는 $25\times 1,000,000=25,000,000$원이다.

S를 민수의 25주 동안의 급료라고 하면

$$S=10(1+2+4+8+\cdots+2^{24})=\dfrac{10(2^{25}-1)}{2-1}=335,544,310(원)$$

이다.

따라서 철수의 급료보다 민수의 급료가 13배 이상 더 많다.

예제 3.8에서 $S = 1 + r + r^2 + r^3 + r^n$이라 하면

$$S = \begin{cases} \dfrac{r^{n+1}-1}{r-1}, & r \neq 1 \\ n+1, & r = 1 \end{cases}$$

왜냐하면

$$rS - S = r(1 + r + r^2 + r^3 + r^n) - (1 + r + r^2 + r^3 + r^n) = r^{n+1} - 1$$

따라서 $r \neq 1$이면 $S = \dfrac{r^{n+1}-1}{r-1}$이다.

여기서 $r = 1$이면 $S = n+1$이다.

▶**예제** 3.9 고대 페르시아의 수상이 새로운 게임을 발명했는데 64개의 붉고 검은 정사각형을 그린 네모판 위에 규칙에 따라 말을 움직이는 게임이었다. 왕은 수상이 발명한 게임이 너무 재미있어서 훌륭한 발명의 보상으로 무엇을 원하느냐 물으니 수상은 자신이 발명한 체스판을 가리키며 첫 번째 칸에 한 알의 밀알, 두 번째 칸에 두 개의 밀알, 세 번째 칸에 네 개의 밀알, 이러한 방법으로 다음 칸에는 두 배의 밀알을 놓는 방식으로 모두 밀알을 채워달라고 했다. 그러면 수상이 요구한 밀알의 개수는 몇 개일까?

[풀이]

수상이 요구한 밀알의 개수는 1, 2, 4, 8, 16, 32, …이다. 즉, 1, 2, 2^2, 2^3, 2^4, 2^5, …이다. 이러한 방법으로 64번째 칸에 이르면 밀알은 2^{63}개가 되므로 수상이 받을 밀알은 $1 + 2 + 2^2 + 2^3 + 2^4 + 2^5 + \cdots + 2^{63} = 2^{64} - 1 = 18,446,744,073,709,551,615$개가 된다.

이 크기를 살펴보기 위해 종이 한 장을 반으로 접고 접은 상태에서 또 반을 접고 계속해서 또 반을 접는다고 하자. 종이를 한번 접으면 두께가 두 배, 두 번 접으면 네 배, 세 번 접으면 여덟 배, 이렇게 열 번을 접으면 두께는 $2^{10} = 1024$배가 된다. 스무 번을 접는다면 종이의 두께는 $2^{20} = 1,024 \times 1,024 = 1,048,576$배가 된다.

여기서, 종이 약 100장을 1cm라 한다면 1,000장은 10cm, 1,000,000장은 10,000cm 즉, 100m가 될 것이다. 이처럼 한 수에 일정한 수를 곱하면서 증가하는 것을 지수적 증가라고 하는데, 빠른 속도로 큰 수를 만들어낸다. 이를테면 박테리아 번식, 자장면 면발 만들기 등을 예로 들 수 있다.

▶**예제** 3.10 어느 왕국의 수도를 둘러싸고 있는 성벽에 1,000개의 문이 있다고 하자. 첫 번째 근위병은 모든 성문을 열고, 두 번째 근위병은 짝수 번째 문을 닫는다. 그리고 세 번째 근위병은 3의 배수 문이 열려 있으면 닫고 닫혀 있으면 연다. 이처럼 근위병들이 성벽의 문을 여닫는다고 했을 때 최종 열려 있는 성문은 몇 번째 문일까?

[풀이]

가로줄에는 성문 번호를 세로줄에는 근위병의 번호를 써놓은 표를 만들고 근위병이 지나갈 때마다 문을 여닫는 모습을 ○와 X로 표시를 한다. 즉, 지나가는 근위병이 문을 열면 ○를, 닫으면 X를 써 놓으면 아래와 같은 표를 얻게 된다. 아래 표에서 보는 바와 같이 성문 번호의 약수의 개수가 홀수이면 성문이 열려 있다.

근위병 \ 성문	1	2	3	4	5	6	7	8	9	10
1	○	○	○	○	○	○	○	○	○	○
2		X		X		X		X		X
3			X			○			X	
4				○				○		
5					X					○
6						X				
7							X			
8								X		
9									○	
10										X

실제로 n을 소인수 분해하면 산술의 기본 정리에 의해 $n = p_1^{a_1} p_2^{a_2} \cdots p_k^{a_k}$를 만족하는 소수 $p_1, p_2, \cdots, p_k$와 음이 아닌 정수 $a_1, a_2, \cdots, a_k$가 유일하게 존재한다. 여기서 n의 약수의 개수는 $(a_1+1)(a_2+1)\cdots(a_k+1)$이므로 $a_1+1, a_2+1, \cdots, a_k+1$ 모두 홀수이어야 한다.

따라서 $a_1, a_2, \cdots, a_k$은 모두 짝수가 된다. 즉 음이 아닌 정수 $l_1, l_2, \cdots, l_k$가 존재해서 $a_1 = 2l_1, a_2 = 2l_2, \cdots, a_k = 2l_k$를 만족한다.

따라서 $n = p_1^{a_1} p_2^{a_2} \cdots p_k^{a_k} = p_1^{2l_1} p_2^{2l_2} \cdots p_k^{2l_k} = (p_1^{l_1} p_2^{l_2} \cdots p_k^{l_k})^2$.

즉, n은 제곱수이다. 1에서 1000까지 제곱수를 찾아보면 $1^2 = 1$, $2^2 = 4$, $3^2 = 9$, $\cdots$, $30^2 = 900$, $31^2 = 961$이므로 열려 있는 문들의 개수는 모두 31개이다.

▶▶예제 **3.11** 달력을 펼쳐보지 않고 어느 날이 무슨 요일인지 계산하는 방법은 없을까?

[풀이]

요일을 계산하는 방법은 다음과 같다.

$$S = x - 1 + \left[\frac{x-1}{4}\right] - \left[\frac{x-1}{100}\right] + \left[\frac{x-1}{400}\right] + C$$

여기서 x는 서기일 수이고 C는 그 해 1월 1일부터 그날까지의 일수이다. S를 구한 다음 7로 나눈 나머지가 0이면 일요일, 나머지가 1이면 월요일이고 나머지가 2이면 화요일, $\cdots$, 나머지가 6이면 토요일이다. 여기서 $y = [x]$는 최대정수함수이다.

예
1919년 3월 1일은 무슨 요일인가?

[풀이]

공식에 의하면

$$S = x - 1 + \left[\frac{x-1}{4}\right] - \left[\frac{x-1}{100}\right] + \left[\frac{x-1}{400}\right] + C$$

$$= 1919 - 1 + \left[\frac{1919-1}{4}\right] - \left[\frac{1919-1}{100}\right] + \left[\frac{1919-1}{400}\right] + (31+28+1)$$

$$= 1918 + [479.5] - [19.18] + [4.795] + 60$$

$$= 1918 + 479 - 19 + 4 + 60 = 2442$$

그리고 $2442 = 348 \times 7 + 6$이므로 2442를 7로 나눈 나머지는 6이다. 따라서 1919년 3월 1일은 토요일이다.

▶예제▶ **3.12** 파스칼의 삼각형이란 무엇인가?

> **파스칼의 삼각형**
>
> 파스칼의 삼각형이란 자연수를 삼각형 모양으로 배열한 것을 말한다. 이는 원래 중국인에 의해 만들어졌으나 프랑스의 수학자 블레즈 파스칼(Blaise Pascal, 1623~1662)이 체계적인 이론을 만들고 그 속에서 흥미로운 성질을 발견했기 때문에 파스칼의 삼각형이라고 부르게 되었다.

$n = 1, 2, 3, \cdots$일 때 $(a+b)^n$의 계수를 차례로 나열하면 다음 그림과 같다.

$n=0$			1						1				
$n=1$			$_1C_0$	$_1C_1$					1	1			
$n=2$		$_2C_0$	$_2C_1$	$_2C_2$				1	2	1			
$n=3$		$_3C_0$	$_3C_1$	$_3C_2$	$_3C_3$			1	3	3	1		
$n=4$	$_4C_0$	$_4C_1$	$_4C_2$	$_4C_3$	$_4C_4$		1	4	6	4	1		
$n=5$	$_5C_0$	$_5C_1$	$_5C_2$	$_5C_3$	$_5C_4$	$_5C_5$	1	5	10	10	5	1	
$\vdots$			⋯⋯⋯⋯⋯⋯						⋯⋯⋯⋯⋯⋯				

정리 3.1 이항정리

임의의 실수 a, b와 자연수 n에 대해

$$(a+b)^n = \sum_{k=0}^{n} {_nC_k}\, a^{n-k} b^k$$

를 만족한다.

이항식	전개식	이항 계수
$(x+y)^0$	1	1
$(x+y)^1$	$x+y$	1 1
$(x+y)^2$	$x^2+2xy+y^2$	1 2 1
$(x+y)^3$	$x^3+3x^2y+3xy^2+y^3$	1 3 3 1
$(x+y)^4$	$x^4+4x^3y+6x^2y^2+4xy^3+y^4$	1 4 6 4 1
$(x+y)^5$	$x^5+5x^4y+10x^3y^2+10x^2y^3+5xy^4+y^5$	1 5 10 10 5 1

파스칼은 삼각형에서 다음과 같은 다양한 패턴 및 흥미로운 성질들을 많이 발견했다.

- 첫 번째 대각선에 나열된 수들은 1로만 이루어져 있고 첫 번째 대각선에 바로 이어지는 두 번째 대각선에 나열된 수들은 자연수 1, 2, 3, 4, 5 ……이고, 그다음 대각선에 나열된 수들은 삼각수 1, 3, 6, 10, 15 ……이다.
- 각 가로줄에서 두 번째 수가 소수이면, 그 가로줄에 있는 1보다 큰 다른 모든 수는 그 소수로 나누어떨어진다. 예를 들어 여섯 번째 가로줄의 경우 1, 5, 10, 10, 5, 1에 5, 10, 10, 5는 모두 5로 나누어떨어진다.
- n번째 가로줄에 있는 수들을 모두 더하면 2^{n-1}와 같다. 예를 들어 세 번째 가로줄의 경우에는 $1+2+1=4=2^2$이고, 다섯 번째 가로줄의 경우에는 $1+4+6+4+1=16=2^4$이다.

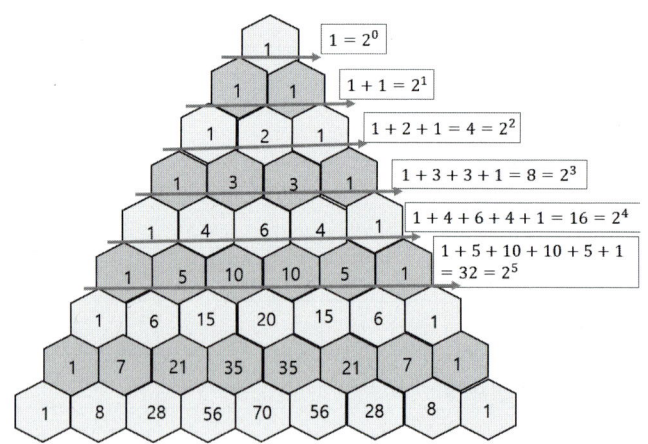

- 가로줄을 구성하고 있는 각 숫자를 어떤 수의 각 자리 숫자라 하면, n번째 가로줄에 대하여 그 수는 11^{n-1}과 같다. 예를 들어 세 번째 가로줄의 경우에는 $121 = 11^2$이고, 다섯 번째 가로줄의 경우에는 $14641 = 11^4$이다.

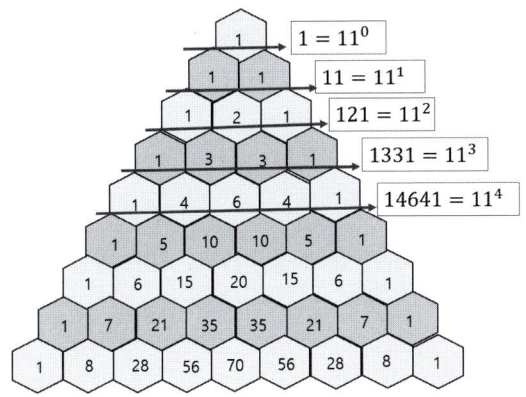

- 각 가로줄에 있는 수들을 왼쪽 정렬시킨 다음, 각 대각선에 놓인 수들을 합하여 나열하면 피보나치수열을 이룬다.

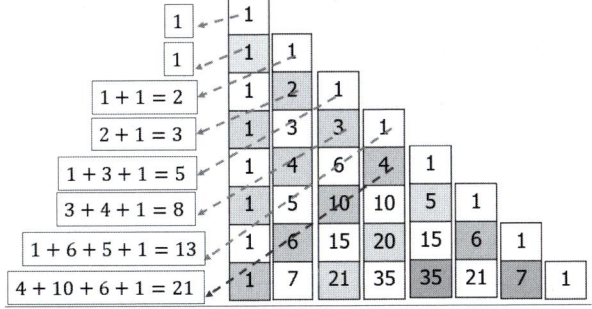

정의 최대공약수

적어도 둘 중 하나는 0이 아닌 정수 a, b에 대해 d를 a와 b의 최대공약수라고 하는 것은 다음 세 가지를 만족할 때이다.

i) $d \geq 1$
ii) d는 a와 b의 공약수
iii) c가 a와 b의 공약수인 임의의 정수이면 $c \leq d$이다.

$d = \gcd(a, b)$로 표기한다. 특히 $\gcd(a, b) = 1$이면 a와 b는 서로소라고 한다.

디오판토스 방정식에 관한 문제 중 하나인 정수 변을 갖는 직각삼각형을 결정하는 문제, 즉 $x^2 + y^2 = z^2$의 정수해 구하는 문제를 생각하자.

> **예제** 3.13 피타고라스 수는 무엇인가?

피타고라스 수

식 $x^2 + y^2 = z^2$의 정수해 (x, y, z)를 피타고라스 수 또는 피타고라스 세 쌍이라 하고 특히 $\gcd(x, y, z) = 1$이면 이 해를 원시적 피타고라스 세 쌍 혹은 원시적 피타고라스 수라 한다.

예를 들면 $3^2 + 4^2 = 5^2$이므로 3, 4, 5는 피타고라스의 수 또는 피타고라스의 세 쌍이 된다. 3, 4, 5가 피타고라스의 수이면 4, 3, 5도 피타고라스의 수이고, 5, 3, 4도 피타고라스의 수가 되므로 세 개의 수를 크기 순서로 나열하여 (3, 4, 5)와 같이 쓰기로 약속한다. 예를 들어 (3, 4, 5),

(5, 12, 13), (12, 35, 37) 등은 피타고라스 세 쌍이다.

그러면 피타고라스 수를 구하는 두 가지 방법을 소개한다. 먼저 다음의 정리를 이용하면 쉽게 많은 피타고라스 수를 찾을 수 있다.

정리 3.2

식 $x^2+y^2=z^2$의 정수해 $x, y, z > 0$인 모든 원시적 피타고라스 세 쌍은 $x=a^2-b^2$, $y=2ab$, $z=a^2+b^2 (a>b>0)$인 형태로 주어진다. 여기서 a, b는 서로소인 자연수이다. 단, a, b 둘 다 짝수이거나 둘 다 홀수이면 안 된다.

$$a=2, b=1이면\ x=3, y=4, z=5$$
$$a=3, b=2이면\ x=5, y=12, z=13$$
$$a=4, b=1이면\ x=15, y=8, z=17$$
$$a=4, b=3이면\ x=7, y=24, z=25$$

그리고 피타고라스의 수를 만들어내는 가장 쉬운 방법은 $(m+1)^2 = m^2+2m+1$과 같은 항등식을 이용하는 것으로서, 우변에 있는 $2m+1$이 제곱수가 되도록 m을 선택하면 피타고라스의 수를 만들어낼 수 있다.

예를 들어, $2m+1=3^2$이면 $m=4$이고 이것을 위의 식에 대입하면 $5^2 = 4^2+3^2$이므로 피타고라스의 수 (3, 4, 5)를 얻는다.

또 $2m+1=5^2$이면 $m=12$이고 이것을 위의 식에 대입하면 $13^2 = 12^2+5^2$이므로 피타고라스의 수 (5, 12, 13)를 얻는다. 이처럼 계속해서 피타고라스의 수들을 찾아낼 수 있다.

앞서 소개한 두 가지 방법 중에서 항등식을 이용하면 피타고라스 세 쌍에서 두 개의 수는 반드시 1씩 차이가 나므로 앞의 정리를 이용하는 편이 더 많은 피타고라스 수를 찾을 수 있겠다.

▶예제 3.14 함수란 무엇인가?

> **함수의 정의**
> X, Y가 공집합이 아닌 집합일 때 $f : X \to Y$가 집합 X에서 Y로의 함수라는 의미는 임의의 $x \in X$에 대해 $y = f(x)$를 만족하는 $y \in Y$가 단 하나 존재할 때를 말한다. 여기서 X를 f의 정의역(domain), Y를 f의 공역(co-domain), $y = f(x)$를 f에 따른 x에서의 상 또는 함숫값 그리고 f의 치역 $f(X)$는 함숫값 전체 집합 $\{y \in Y \mid y = f(x),\ x \in X\}$을 말한다.

▶예제 3.15 서랍 원리란 무엇인가?

> **비둘기집 원리(서랍 원리)**
> n마리의 비둘기가 m개의 비둘기집에 들어가 있고 $n > m$이면, 두 마리 이상의 비둘기가 들어가는 비둘기집이 적어도 하나는 존재한다.

다시 말하자면, m개의 비둘기집 하나에 한 마리씩 비둘기를 넣으면, 최대 m마리가 들어갈 수 있으므로 거기에 한 마리를 더 넣으려면 이미 넣은 곳에 하나 더 넣어야 한다는 말이다. 디리클레의 상자 원리라고도 알려져 있다.

예 비둘기 집 원리의 적용

8명의 학생이 모여 있다. 그러면 생일의 요일이 같은 학생들이 반드시 있다. 또한 13명으로 이루어진 그룹 안에는 같은 달에 태어난 사람이 적어도 2명은 있게 된다.

[풀이]

8명의 학생이 있고, 요일은 모두 7개이므로, 비둘기 집 원리에 의하여 생일의 요일이 같은 학생들이 반드시 있다. 또, 13명의 학생이 있고, 12개의 달이 있으므로, 비둘기 집 원리에 의하여 같은 달에 태어난 사람들이 반드시 있다.

예 결과를 확신하기 위한 선택의 수

10개 짝의 검은색 양말과 흰색 양말이 들어있는 서랍이 있다고 하자. 눈을 감은 상태에서 보지 않고 양말을 꺼낸다고 할 때 올바른 한 켤레(같은 색의 두 짝)가 되기 위해 적어도 몇 개의 양말을 꺼내야 하는가?

---- [풀이]

3개이다. 세 번째 양말을 꺼낼 때 이미 꺼낸 양말 중 하나와 같은 색일 수밖에 없다.

> ### 일반화된 비둘기 집 원리
> n마리의 비둘기가 m개의 비둘기 집으로 날아 들어갈 때 양의 정수 k에 대해 $n > k \cdot m$이면, 적어도 1개의 비둘기집에는 $k+1$ 마리 이상의 비둘기가 들어가게 된다.

위의 원리를 함수의 형식으로 표현하면 X, Y는 유한집합이고, $f : X \to Y$일 때 양의 정수 k에 대해 $n(X) > k \cdot n(Y)$이면, X에 있는 적어도 $k+1$개의 서로 다른 원소의 상이 되는 $y \in Y$가 존재한다.

예제 3.16 일반화된 비둘기 집 원리

100명으로 구성된 그룹에는 이니셜이 같은 사람이 적어도 4명이 있게 된다.

[풀이]

$100 > 3 \cdot 26 = 78$이므로 일반화된 비둘기 집 원리에 의해 어떤 이니셜은 적어도 4명 이상이 되어야 한다.

예제 3.17 정수는 번호를 어떻게 배열하고 번호를 붙이겠는가?

정의 가부번집합

X가 집합일 때 N에서 X로의 일대일대응함수 $f : N \to X$가 존재하면 X를 가부번집합이라고 한다. 이때 N과 X는 서로 대등하다고 한다.

① 자연수의 집합은 가부번집합이다. (∵)

자연수	1	2	3	4	5	6	7	8	⋯	n	⋯
	↓	↓	↓	↓	↓	↓	↓	↓	⋮	↓	⋮
자연수	1	2	3	4	5	6	7	8	⋯	n	⋯

위 표와 같이 $f(n)=n$, $n \in N$은 N에서 N로의 일대일대응함수이다. 따라서 자연수의 집합 N은 가부번집합이다.

② 짝수인 자연수의 집합 N_e과 홀수인 자연수의 집합 N_o은 가부번집합이다.

i) 짝수인 자연수의 집합 N_e은 가부번집합이다. (∵)

자연수	1	2	3	4	5	6	7	8	⋯	n	⋯
	↓	↓	↓	↓	↓	↓	↓	↓	⋮	↓	⋮
짝수	2	4	6	8	10	12	14	16	⋯	$2n$	⋯

위 표와 같이 $f(n)=2n$, $n \in N$은 N에서 N_e로의 일대일대응함수이다. 따라서 짝수인 자연수의 집합 N_e은 가부번집합이다.

ii) 홀수인 자연수의 집합 N_o은 가부번집합이다. (∵)

자연수	1	2	3	4	5	6	7	8	⋯	n	⋯
	↓	↓	↓	↓	↓	↓	↓	↓	⋮	↓	⋮
홀수	1	3	5	7	9	11	13	15	⋯	$2n-1$	⋯

위 표와 같이 $g(n) = 2n-1$, $n \in N$은 N에서 N_o로의 일대일대응함수이다. 따라서 홀수인 자연수의 집합 N_o은 가부번집합이다.

iii) 정수의 집합 Z은 가부번집합이다. ($\because$)

자연수	1	2	3	4	5	6	7	8	$\cdots$	$2n$	$\cdots$
	↓	↓	↓	↓	↓	↓	↓	↓	$\vdots$	↓	$\vdots$
정수	0	1	-1	2	-2	3	-3	4	$\cdots$	n	$\cdots$

위 표와 같이 $f(n) = \begin{cases} \dfrac{n}{2}, & n : even \\ \dfrac{1-n}{2}, & n : odd \end{cases}$ 은 N에서 Z로의 일대일대응함수이다. 따라서 정수의 집합은 가부번집합이다.

예제 3.18 정수의 집합과 짝수인 자연수의 집합은 어느 것이 수효가 많은가?

[풀이]

자연수의 집합과 정수의 집합은 대등한 크기가 같은 무한집합이고, 자연수의 집합과 짝수인 자연수의 집합이 대등한 크기가 같은 무한집합이므로 짝수인 자연수의 집합과 정수의 집합도 대등한 크기가 같은 무한집합이다. 즉, 짝수인 자연수의 집합과 정수의 집합은 수효가 같다.

예제 3.19 유리수는 번호를 어떻게 배열하고 번호를 붙이겠는가?

[풀이]

$\frac{1}{1}$	$\frac{2}{1}$	$\frac{3}{1}$	$\frac{4}{1}$	$\frac{5}{1}$	$\frac{6}{1}$	$\frac{7}{1}$	$\frac{8}{1}$	...
$\frac{1}{2}$	$\frac{2}{2}$	$\frac{3}{2}$	$\frac{4}{2}$	$\frac{5}{2}$	$\frac{6}{2}$	$\frac{7}{2}$	$\frac{8}{2}$	...
$\frac{1}{3}$	$\frac{2}{3}$	$\frac{3}{3}$	$\frac{4}{3}$	$\frac{5}{3}$	$\frac{6}{3}$	$\frac{7}{3}$	$\frac{8}{3}$	...
$\frac{1}{4}$	$\frac{2}{4}$	$\frac{3}{4}$	$\frac{4}{4}$	$\frac{5}{4}$	$\frac{6}{4}$	$\frac{7}{4}$	$\frac{8}{4}$	...
$\frac{1}{5}$	$\frac{2}{5}$	$\frac{3}{5}$	$\frac{4}{5}$	$\frac{5}{5}$	$\frac{6}{5}$	$\frac{7}{5}$	$\frac{8}{5}$	...
$\frac{1}{6}$	$\frac{2}{6}$	$\frac{3}{6}$	$\frac{4}{6}$	$\frac{5}{6}$	$\frac{6}{6}$	$\frac{7}{6}$	$\frac{8}{6}$	...
$\frac{1}{7}$	$\frac{2}{7}$	$\frac{3}{7}$	$\frac{4}{7}$	$\frac{5}{7}$	$\frac{6}{7}$	$\frac{7}{7}$	$\frac{8}{7}$	...
:	:	:	:	:	:	:	:	

위와 같이 모든 유리수를 나열한 다음 대각선으로 지그재그 번호를 붙여 나가면 모든 유리수를 빠짐없이 셀 수 있다.

$$(\frac{1}{1}, \frac{2}{1}, \frac{1}{2}, \frac{1}{3}, \frac{3}{1}, \frac{4}{1}, \frac{3}{2}, \frac{2}{3}, \frac{1}{4}, \cdots \text{ 순으로})$$

그러면 정확히 자연수와 양의 유리수를 일대일대응시킬 수 있다. 또, 같은 방법으로 음의 정수와 음의 유리수를 대응시키고 0은 0과 대응시키면 정수의 집합과 유리수 집합을 일대일대응시킬 수 있다. 즉 정수의 집합과 유리수 집합은 대등하다. 그런데 정수의 집합과 자연수 집합이 대등하므로 유리수 집합과 자연수 집합도 대등하다. 따라서 유리수의 집합이 가부번집합이므로 자연수, 정수, 짝수, 홀수, 유리수는 수효가 모두 같다.

▶예제 3.20 연속된 네 자연수를 곱하고 1을 더하면 완전제곱수가 되는 이유는?

예를 들면

$$1 \cdot 2 \cdot 3 \cdot 4 + 1 = 25 = 5^2$$
$$2 \cdot 3 \cdot 4 \cdot 5 + 1 = 121 = 11^2$$
$$3 \cdot 4 \cdot 5 \cdot 6 + 1 = 361 = 19^2$$
$$4 \cdot 5 \cdot 6 \cdot 7 + 1 = 841 = 29^2$$
$$\cdots\cdots$$

[증명]

연속된 네 개의 자연수 중에서 가장 작은 자연수를 a라 하자. 연속된 네 자연수에 대해 $a(a+1)(a+2)(a+3)+1$을 계산해보면

$$\begin{aligned}a(a+1)(a+2)(a+3)+1 &= [a(a+3)]\,[(a+1)(a+2)]+1 \\ &= (a^2+3a)(a^2+3a+2)+1 \\ &= (a^2+3a)^2 + 2(a^2+3a)+1 \\ &= (a^2+3a+1)^2\end{aligned}$$

a가 자연수이므로 a^2+3a+1은 자연수이다. 즉, $(a^2+3a+1)^2$은 자연수의 제곱이다.

정의

두 정수 $a(\neq 0)$, b에 대해 $b = ac$를 만족하는 정수 c가 존재할 때

i) a는 b를 나눈다고 하며 $a \mid b$로 표기한다.
ii) b는 a의 배수(multiple), a는 b의 약수(divisor) 또는 인수(factor) 라고 한다.

$-12 = 4 \times (-3)$이므로 4는 -12의 약수이다.

정의

a, b는 정수, n이 양의 정수이고 $a-b$가 n의 배수이면 a와 b는 n에 대해 합동이라고 하고 $a \equiv b \bmod n$이라고 표기한다.

예를 들면 $3-24 = -21 = 7 \times (-3)$가 7의 약수이므로 $3 \equiv 24 \bmod 7$를 만족한다.

합동의 정의를 이용하면 다음의 결과가 성립함을 쉽게 보일 수 있다.

Note

a, b, c, d가 정수이고 n이 양의 정수일 때

① $a \equiv a \bmod n$
② $a \equiv b \bmod n$이면 $b \equiv a \bmod n$이다.
③ $a \equiv b \bmod n$이고 $b \equiv c \bmod n$이면 $a \equiv c \bmod n$이다.
④ $a \equiv b \bmod n$이면 $a+c \equiv b+c \bmod n$이고 $ac \equiv bc \bmod n$이다.

⑤ $a \equiv b \bmod n$이고 $c \equiv d \bmod n$이면 $a+c \equiv b+d \bmod n$이고 $ac \equiv bd \bmod n$이다.

⑥ $a \equiv b \bmod n$이면 임의의 자연수 k에 대해 $a^k \equiv b^k \bmod n$이다.

정리 3.3

정수 a, b와 양의 정수 n에 대해 $p(x) = \sum_{k=0}^{m} c_k x^k$를 정수 계수 다항식이라고 하자.
$a \equiv b \bmod n$이면 $p(a) \equiv p(b) \bmod n$을 만족한다.

정리 3.4

정수 계수 다항식 $p(x)$에 대해 a가 항등식 $p(x) \equiv 0 \bmod n$의 해이고 $a \equiv b \bmod n$이면 b도 항등식 $p(x) \equiv 0 \bmod n$의 해가 된다.

[증명]

$a \equiv b \bmod n$이므로 $p(a) \equiv p(b) \bmod n$를 만족한다. a가 항등식 $p(x) \equiv 0 \bmod n$의 해이므로 $p(a) \equiv 0 \bmod n$가 된다. 따라서 $p(b) \equiv 0 \bmod n$이므로 b도 항등식 $p(x) \equiv 0 \bmod n$의 해가 된다.

▶예제 3.21 주어진 정수가 2, 3, 4, 5, 9, 11의 배수인지 판단할 방법은 없을까?

$$N = a_m 10^m + a_{m-1} 10^{m-1} + \cdots + a_2 10^2 + a_1 10 + a_0$$
$$(0 \leq a_k < 10, \ k = 0, 1, 2, \cdots, m)$$

을 임의의 정수라고 할 때, $S = a_m + a_{m-1} + \cdots + a_2 + a_1 + a_0$와 $T = a_0 - a_1 + a_2 - a_3 + \cdots + (-1)^m a_m$에 대해 다음이 성립한다.

① N이 4의 배수 $\Leftrightarrow$ $a_1 10 + a_0$가 4의 배수
② N이 2의 배수 $\Leftrightarrow$ a_0가 0, 2, 4, 6 또는 8
③ N이 5의 배수 $\Leftrightarrow$ a_0가 0 또는 5
④ N이 3의 배수 $\Leftrightarrow$ S가 3의 배수
⑤ N이 9의 배수 $\Leftrightarrow$ S가 9의 배수
⑥ N이 11의 배수 $\Leftrightarrow$ T가 11의 배수

[증명]

$p(x) = \sum_{k=0}^{m} a_k x^k$를 정수 계수 다항식이라 하자.

① $100 \equiv 0 \bmod 4$이므로 $N \equiv a_1 10 + a_0 \bmod 4$가 된다.

따라서 $N \equiv 0 \bmod 4 \Leftrightarrow a_1 10 + a_0 \equiv 0 \bmod 4$를 만족한다. 즉, N이 4의 배수일 필요충분조건은 $a_1 10 + a_0$가 4의 배수일 때이다.

② $10 \equiv 0 \bmod 2$이므로 정리 3.3에 의해 $p(10) \equiv p(0) \bmod 2$이다. $p(10) = N$이고 $p(0) = a_0$이므로 $N \equiv a_0 \bmod 2$가 된다.

따라서 $N \equiv 0 \bmod 2 \Leftrightarrow a_0 \equiv 0 \bmod 2$를 만족한다. 즉, N이 2의 배수일 필요충분조건은 a_0가 0, 2, 4, 6 또는 8일 때이다.

③ $10 \equiv 0 \bmod 5$이므로 ②와 같은 방법을 적용하면 $N \equiv 0 \bmod 5 \Leftrightarrow a_0 \equiv 0 \bmod 5$를 만족한다. 즉, N이 5의 배수일 필요충분조건은 a_0가 0 또는 5일 때이다.

④ $10 \equiv 1 \bmod 3$이므로 정리 3.3에 의해 $p(10) \equiv p(1) \bmod 3$이다.
$p(10) = N$이고 $p(1) = S$이므로 $N \equiv S \bmod 3$이 된다.
따라서 $N \equiv 0 \bmod 3 \Leftrightarrow S \equiv 0 \bmod 3$이다. 즉, N이 3의 배수일 필요충분조건은 S가 3의 배수일 때이다.

⑤ $10 \equiv 1 \bmod 9$이므로 ④와 같은 방법을 적용하면 N이 9의 배수일 필요충분조건은 S가 9의 배수일 때이다.

⑥ $10 \equiv -1 \bmod 11$이므로 정리 3.3에 의해 $p(10) \equiv p(-1) \bmod 11$이다.
$p(10) = N$이고 $p(-1) = T$이므로 $N \equiv T \bmod 11$을 만족한다.
따라서 $N \equiv 0 \bmod 11 \Leftrightarrow T \equiv 0 \bmod 11$이 된다. 즉, N이 11의 배수일 필요충분조건은 T가 11의 배수일 때이다.

예 $N = 1,571,724$에 대해

① 일의 자릿수 4가 짝수이므로 $1,571,724$는 2의 배수이다.
   실제로 $1,571,724 = 2 \times 785,862$.

② 십의 자릿수와 일의 자릿수의 수 24는 4의 배수이므로 $1,571,724$는 4의 배수이다. 실제로 $1,571,724 = 4 \times 392,931$.

③ $S = 1+5+7+1+7+2+4 = 27$이 9의 배수이므로 $1,571,724$는 9의 배수이다. 실제로 $1,571,724 = 9 \times 174,636$.

④ $T = 4-2+7-1+7-5+1 = 11$이 11의 배수이므로 $1,571,724$는 11의 배수이다. 실제로 $1,571,724 = 11 \times 142,884$.

예제 3.22 마지막 자릿수가 5인 두 자릿수의 제곱을 속셈할 수 있는가?

---[풀이]---

두 자릿수를 $10a+5$라 하자.

그러면 $(10a+5)^2 = 100a^2 + 100a + 25 = a(a+1)100 + 25$이다.

즉, 마지막 자릿수가 5인 두 자릿수의 제곱은
$(10a+5)^2 = a(a+1)100 + 25$가 된다.

예

$(45)^2 = 4(4+1) \times 100 + 25 = 2025$가 된다.

▶예제 **3.23** 마지막 자릿수가 5가 아닌 두 자릿수의 제곱을 속셈할 수 있는가?

[풀이]

$a^2 - b^2 = (a+b)(a-b)$에서 $a^2 = (a+b)(a-b) + b^2$을 이용하면 마지막 자릿수가 5가 아닌 두 자릿수의 제곱을 속셈할 수 있다.

예
① $27^2 = (27+3)(27-3) + 3^2 = 30 \times 24 + 9 = 729$
② $98^2 = (98+2)(98-2) + 2^2 = 100 \times 96 + 4 = 9604$
③ $102^2 = (102+2)(102-2) + 2^2 = 104 \times 100 + 4 = 10404$

▶예제 **3.24** 십의 자릿수가 같고 일의 자릿수의 합이 10인 두 자릿수의 곱을 속셈할 수 있는가?

[풀이]

십의 자릿수가 같고 일의 자릿수의 합이 10인 두 자릿수를 각각 $10a+b$, $10a+c$ $(b+c=10)$라 하자. 그러면 $b+c=10$이므로

$$(10a+b)(10a+c) = 100a^2 + 10ab + 10ac + bc$$
$$= 100a^2 + 10ab + 10a(10-b) + bc$$
$$= 100a^2 + 100a + bc = a(a+1)100 + bc$$

를 만족한다.

$84 \times 86 = 8 \times 9 \times 100 + 4 \times 6 = 7224$

▶예제 **3.25** 백의 자릿수와 십의 자릿수가 각각 같고 일의 자릿수의 합이 10인 세 자릿수의 곱을 속셈할 수 있는가?

[풀이]

백의 자릿수와 십의 자릿수가 각각 같고 일의 자릿수의 합이 10인 두 자릿수를 각각 $100a+10b+c$, $100a+10b+d$ $(c+d=10)$라 하자.

그러면 $c+d=10$이므로

$$(100a+10b+c)(100a+10b+d)$$
$$=(100a+10b)^2+(100a+10b)(c+d)+cd$$
$$=(100a+10b)^2+(100a+10b)10+bc$$
$$=(100a+10b)(100a+10b+10)+bc$$
$$=100(10a+b)(10a+b+1)+bc$$

를 만족한다.

예

$297 \times 293 = 29 \times 30 \times 100 + 21 = 87{,}021$

중고등학교 학생들 대부분은 수학을 싫어한다. 그 이유 중 하나가 왜 배우는가 또는 무엇 때문에 필요한가를 설명하지 않고 시험 준비를 위해 계속해서 계산하는 요령이나 방법만을 강요하기 때문일지도 모른다.

다음의 예를 살펴보자.

▶예제 3.26 2차식 x^2-3x+2를 인수분해하고 인수분해하기 전과는 어떤 편리한 점이 있는지 살펴보아라.

─ [풀이] ─

x^2-3x+2를 인수분해하면 $(x-1)(x-2)$가 된다. 인수분해하기 전과 후의 식을 비교해보자.

한 예로 $x=5$일 때의 값을 구해보면

인수분해 전 식 $=5^2-3\times 5+2=25-15+2=12$이고
인수분해 후 식 $=(5-1)(5-2)=4\times 3=12$가 된다.

인수분해 후 식이 쉽다는 것은 금방 알 수 있다.

▶예제 3.27 아들이 셋인 노인이 유산으로 당나귀 17마리를 남기면서 장남은 $\frac{1}{2}$, 차남은 $\frac{1}{3}$, 삼남은 $\frac{1}{9}$을 갖도록 유언을 했다. 세 아들은 당나귀를 몇 마리씩 가져야 할까?

─ [풀이] ─

17은 2로도 3으로도 9로도 나누어떨어지지 않는 수이므로 어떻게 나눌지 고민하고 있는데 한 스님이 세 아들의 이야기를 듣고 당나귀 1마리를 몰고 와서 유산의 당나귀 17마리에 자신의 당나귀를 더해 18마리로 만들었다. 장남에게는 $\frac{1}{2}$의 9마리, 차남에게는 $\frac{1}{3}$의 6마리, 삼남에게는 $\frac{1}{9}$의 2마리를 나누어 주고 남은 1마리를 다시 몰고 갔다는 이야기가 있다.

실제로 적당한 양의 상수 k_1, k_2, k_3에 대해 $17+c=2k_1=3k_2=9k_3$를 만족하는 양의 정수 c를 구하면 된다. 2, 3, 9의 최소공배수는 18이므

로 $17+c$는 18의 배수이다. 18의 배수로서 $17+c$근방의 가장 작은 정수는 18이다. 따라서 $c=1$이 된다.

3장 연습문제

1. 1945년 8월 15일은 무슨 요일인가?

2. 아들이 셋인 노인이 유산으로 당나귀 33마리를 남기면서 장남은 $\frac{1}{2}$, 차남은 $\frac{1}{4}$, 삼남은 $\frac{1}{6}$을 갖도록 유언을 했다. 세 아들은 당나귀를 몇 마리씩 가져야 할까?

3. 5로 나누면 4가 남고, 4로 나누면 3이 남고, 3으로 나누면 2가 남고, 2로 나누면 1이 남는 최소의 양의 정수를 구하여라.

4. 미소는 귀농하여 300마리의 새를 키우고 있다. 어느 날 새 도둑이 들어와 고가의 새들을 훔쳐 갔다. 미소는 서둘러 경찰에 신고했다.
"제 소중한 새를 도둑맞았어요. 200마리 가까이 되는 것 같아요. 도둑맞은 새 중 $\frac{1}{3}$이 아프리카산, $\frac{1}{4}$이 남아메리카산, $\frac{1}{5}$이 오스트레일리아산, $\frac{1}{7}$이 동남아시아산이고 $\frac{1}{9}$이 중국산입니다." 당황한 미소는 경찰에게 한 가지 숫자를 잘못 말했다고 했다. 도둑맞은 새는 전부 몇 마리일까?

제4장
신분확인번호 속 수학 이야기

일상생활에서 많이 쓰이는 각종 신분 또는 물품 확인 번호의 특성을 살펴본다.

4.1 우편환번호

우체국에서 송금하려고 할 때 우편환이란 것이 있다. 이 우편환의 번호는 11자리 수로 되어있고 마지막 자릿수는 이 번호가 올바른 우편환번호인지 점검하는 수로서 앞의 10자리 수의 합을 9로 나눈 나머지로 결정된다.

즉, 11자리 수의 번호 $a_1 a_2 a_3 a_4 a_5 a_6 a_7 a_8 a_9 a_{10} a_{11}$이 올바른 우편환이 되려면 마지막 숫자 a_{11}은 $a_1 + a_2 + a_3 + a_4 + a_5 + a_6 + a_7 + a_8 + a_9 + a_{10}$을 9로 나눈 나머지와 같아야 한다. 이처럼 대부분의 신분 또는 물품 확인 번호에는 주어진 번호가 올바른 것인지 아닌지를 판단하는 수를 포함하고 있는데 이와 같은 수를 점검수라고 한다.

> **예제** 4.1 다음 주어진 번호가 올바른 우편환인지 점검하여라.
> ① 42356879461
> ② 03325761281

──── [풀이] ────

① $4+2+3+5+6+8+7+9+4+6=54$이고 54를 9로 나눈 나머지는 0으로 주어진 번호의 마지막 자리에 있는 1과 일치하지 않으므로 이 번호는 올바른 우편환의 번호가 아니다.

4.2 주민등록번호

우리나라는 1975년부터 생년월일 6자리, 개인정보 7자리 $abcdef-tuvwxyz$로 구성된 현재의 13자리 주민등록번호를 사용하고 있다. 주민등록번호 $abcdef-tuvwxyz$에서

① ab는 출생한 연도를 의미한다.
② cd는 출생한 달을 의미한다.
③ ef는 출생한 날을 의미한다.
④ t는 아래와 같이 성별을 나타낸다.

대상	수
1900년대 태어난 남자	1
1900년대 태어난 여자	2
2000년대 태어난 남자	3
2000년대 태어난 여자	4
1900년대 태어난 외국인 남자	5
1900년대 태어난 외국인 여자	6
2000년대 태어난 외국인 남자	7
2000년대 태어난 외국인 여자	8
1800년대 태어난 남자	9
1800년대 태어난 여자	0

⑤ $uvwx$는 주민등록을 신청하는 관할 관청 지역번호를 의미한다. 즉, uv는 출생등록지에 해당하는 고유번호이고, wx는 출생등록을 한 읍, 면, 동사무소의 고유번호이다.

출생등록지	고유번호	출생등록지	고유번호
서울특별시	00~08	강원도	26~34
부산광역시	09~12	충청북도	35~39
인천광역시	13~15	충청남도	40~47
경기도 주요 도시	16~18	세종특별자치시	44, 96
그 외 경기도 지역	19~25	제주특별자치도	93~95
전라북도	48~54	경상북도	70~75, 77~81
전라남도	55~66	경상남도	82~84, 86~89, 90~92
광주광역시	55, 56	울산광역시	85, 90
대구광역시	67~69, 76		

⑥ 여섯 번째 숫자 y는 주민등록을 신청하는 관할 관청에 그 출생 신고가 해당 동사무소에 당일 몇 번째로 접수된 것인지를 나타낸다.

⑦ 일곱 번째 숫자 z는 체크숫자이다. 즉, 주어진 번호가 올바른 주민등록번호인지 검증하는 수이다.

$2a+3b+4c+5d+6e+7f+8t+9u+2v+3w+4x+5y+z$가 11의 배수이면 $abcdef-tuvwxyz$는 올바른 주민등록번호이다. 그런데, 만약 $2a+3b+4c+5d+6e+7f+8t+9u+2v+3w+4x+5y$를 11로 나눈 나머지가 0이거나 1인 경우는 z가 11이거나 10이 되어야 한다. 그런데 체크 숫자 z는 한 자릿수여야 하기 때문에 체크 숫자가 11이 되는 경우는 1로, 체크 숫자가 10이 되는 경우는 0으로 정한다.

>예제 **4.2** 다음 주어진 번호가 올바른 주민등록번호인지 점검하여라.
① 900429-2014723
② 351123-2034616

[풀이]

① 주어진 번호가 올바른 주민등록번호인지 아닌지를 검증해보면

$$2 \cdot 9 + 3 \cdot 0 + 4 \cdot 0 + 5 \cdot 4 + 6 \cdot 2 + 7 \cdot 9 +$$
$$8 \cdot 2 + 9 \cdot 0 + 2 \cdot 1 + 3 \cdot 4 + 4 \cdot 7 + 5 \cdot 2 + 3 = 184$$

이고 $184 = 16 \times 11 + 8$은 11의 배수가 아니므로 번호 900429-2014723는 올바른 주민등록번호가 아니다.

4.3 ISBN

세계에서 출판되고 있는 책 대부분은 맨 마지막 표지에 그 책에게 주어지는 고유번호인 ISBN(International Standard Book Number)과 그 번호를 나타내는 바코드를 갖고 있다.

이런 ISBN은 $a_1 a_2 - a_3 a_4 a_5 a_6 - a_7 a_8 a_9 - a_{10}$ 또는 $a_1 - a_2 a_3 a_4 - a_5 a_6 a_7 a_8 a_9 - a_{10}$과 같이 10자리로 되어 있으며 각 자릿수는 다음 정보를 담고 있다.

$a_1 a_2$ (또는 a_1)	출판된 나라의 주요 언어
$a_3 a_4 a_5 a_6$ (또는 $a_2 a_3 a_4$)	출판사 고유번호
$a_7 a_8 a_9$ (또는 $a_5 a_6 a_7 a_8 a_9$)	출판사가 책에 부여한 번호
a_{10}	올바른 번호인지 점검하는 수

ISBN의 마지막 자릿수 a_{10}은 주어진 번호가 올바른 번호인지 점검하는 수로서 $10a_1 + 9a_2 + 8a_3 + 7a_4 + 6a_5 + 5a_6 + 4a_7 + 3a_8 + 2a_9 + a_{10}$이 11의 배수가 되면 올바른 ISBN이 된다. 그런데 만약 점검수 a_{10}을 제외한 수 $10a_1 + 9a_2 + 8a_3 + 7a_4 + 6a_5 + 5a_6 + 4a_7 + 3a_8 + 2a_9$이 11로 나눈 나머지가 1이면 $a_{10} = 10$이어야 하는데 이것은 두 자릿수이므로 이 경우에는 $a_{10} = X$로 나타낸다.

▶예제 **4.3** 다음 주어진 번호가 올바른 ISBN인지 점검하여라.
① 89-7282-296-X
② 1-579-55004-5

─[풀이]────────────────────────

① $10 \cdot 8 + 9 \cdot 9 + 8 \cdot 7 + 7 \cdot 2 + 6 \cdot 8 + 5 \cdot 2 + 4 \cdot 2 + 3 \cdot 9 + 2 \cdot 6 + 10 = 346$이고 $346 = 31 \times 11 + 5$는 11의 배수가 아니므로 위 번호는 올바른 ISBN이 아니다.

> **2007년 1월 1일부터 ISBN 13자리로 변경**
>
> 1970년대 도입된 ISBN은 출판량의 급증으로 2007년 1월 1일부터 10자리에서 13자리로 변경되었다. 13자리는 새로운 발행자 번호가 아니라 기존 10자리 번호의 맨 앞에 '978'을 붙였고, 2007년부터는 '979'를 배정하였다.

그러면 13자리 ISBN $a_1 a_2 a_3 a_4 a_5 a_6 a_7 a_8 a_9 a_{10} a_{11} a_{12} a_{13}$에서 $a_1 + a_3 + a_5 + a_7 + a_9 + a_{11} + a_{13} + 3(a_2 + a_4 + a_6 + a_8 + a_{10} + a_{12})$이 10의 배수이면 올바른 ISBN이다.

▶예제◀ **4.4** 다음 주어진 번호가 올바른 ISBN인지 점검하여라.
① ISBN 979-11-251-0007-2
② ISBN 978-89-8172-105-8

[풀이]

① $9+9+1+5+0+0+2+3(7+1+2+1+0+7)=80$은 10의 배수이므로 위 번호는 올바른 ISBN이다.

4.4 UPC(Universal Product Code)

UPC(Universal Product Code)는 UCC(Uniform Code Council)가 개발·보급하고 있는 12자리의 북미지역 표준코드이다. 1973년 미국의 슈퍼마켓에서 사용되기 시작하면서 북미지역에서 유통되고 있는 식료품, 잡화 등 거의 모든 유통제품에 사용되고 있다.

UPC $a_1 - a_2 a_3 a_4 a_5 a_6 - a_7 a_8 a_9 a_{10} a_{11} - a_{12}$의 각 자릿수는 다음과 같은 정보를 담고 있다.

a_1	제품의 종류
$a_2 a_3 a_4 a_5 a_6$	생산자 정보
$a_7 a_8 a_9 a_{10} a_{11}$	생산자가 부여한 일련번호
a_{12}	올바른 번호인지 점검하는 수

UPC $a_1 - a_2 a_3 a_4 a_5 a_6 - a_7 a_8 a_9 a_{10} a_{11} - a_{12}$에서
$3(a_1 + a_3 + a_5 + a_7 + a_9 + a_{11}) + (a_2 + a_4 + a_6 + a_8 + a_{10} + a_{12})$가 10의 배수이면 올바른 UPC이다.

▶예제◀ **4.5** 다음 주어진 번호가 올바른 UPC인지 점검하여라.
① UPC 0-50743-11502-1
② UPC 5-43000-21031-9

[풀이]

① $3(0+0+4+1+5+2)+(5+7+3+1+0)+1=53$은 10의 배수가 아니므로 번호 0-50743-11502-1은 올바른 UPC가 아니다.

4.5 신용카드번호

신용카드번호는 대부분 16자리인

$$a_1 a_2 a_3 a_4 \ \ a_5 a_6 a_7 a_8 \ \ a_9 a_{10} a_{11} a_{12} \ \ a_{13} a_{14} a_{15} a_{16}$$

로 되어 있다. 주어진 번호가 올바른 신용카드번호인지 점검하는 방법은 다음과 같다.

① $2(a_1 + a_3 + a_5 + a_7 + a_9 + a_{11} + a_{13} + a_{15})$을 계산하여 x라 한다.
② $a_1, a_3, a_5, a_7, a_9, a_{11}, a_{13}, a_{15}$에서 4보다 큰 수의 개수를 y라 한다.
③ $x + y + a_2 + a_4 + a_6 + a_8 + a_{10} + a_{12} + a_{14} + a_{16}$이 10의 배수이면 올바른 신용카드번호이다.

▶예제 **4.6** 다음 주어진 번호가 올바른 신용카드번호인지 점검하여라.
① 0232 3451 2270 0303
② 8145 7610 3176 1402

[풀이]

① $x = 2(0+3+3+5+2+7+0+0) = 40$이고 0, 3, 3, 5, 2, 7, 0, 0에서 4보다 큰 수는 5, 7 두 개이므로 $y = 2$이다.

$$x + y + a_2 + a_4 + a_6 + a_8 + a_{10} + a_{12} + a_{14} + a_{16}$$
$$= 40 + 2 + 2 + 2 + 4 + 1 + 2 + 0 + 3 + 3 = 59$$

은 10의 배수가 아니므로 이 번호는 올바른 신용카드번호가 아니다.

4장 연습문제

1. 다음 주어진 번호가 올바른 우편환인지 점검하여라.
   ① 21364750192
   ② 11410112530

2. 다음 주어진 번호가 올바른 주민등록번호인지 점검하여라.
   ① 820429-2032131
   ② 831204-1324687

3. 다음 주어진 번호가 올바른 ISBN인지 점검하여라.
   ① 3-805-36030-1
   ② 0-471-86371-8

4. 다음 주어진 번호가 올바른 UPC인지 점검하여라.
   ① UPC 0-14300-25433-9
   ② UPC 3-81370-09213-5

5. 다음 주어진 번호가 올바른 신용카드번호인지 점검하여라.
   ① 3541 0232 0033 2270
   ② 5148 7600 7136 0407

제5장

마방진 속 수학 이야기

5.1 마방진

5.1.1 '낙서'의 마방진

마방진의 기원은 중국 하나라 시대로 거슬러 올라간다. 전설에 따르면 하나라의 우임금은 홍수가 자주 발생하던 황하의 범람을 막기 위해 제방 공사를 하던 중, 강 한복판에서 등에 이상한 그림이 새겨진 거북이를 만났다. '낙서(洛書)'라고 불리는 이 그림에는 1부터 9까지의 숫자가 배열돼 있는데, 어느 방향으로 더해도 합이 15가 되는 마방진이다.

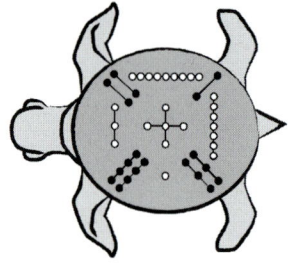

마방진에서 각 행과 열과 대각선에 위치한 수의 합을 '마방진 상수(magic constant)'라고 한다.

$1+2+3+\cdots+n^2 = \dfrac{n^2(n^2+1)}{2}$ 이고 n차 마방진에서는 각 행과 열과 대각선에 있는 수의 합이 같아야 하므로, 마방진 상수는 $\dfrac{n^2(n^2+1)}{2} \cdot \dfrac{1}{n}$ $= \dfrac{n(n^2+1)}{2}$ 이 된다. 예를 들어 3차 마방진 상수는 $\dfrac{3(3^2+1)}{2} = 15$ 이고, 6차 마방진 상수는 $\dfrac{6(6^2+1)}{2} = 111$ 이 된다.

5.1.2 중국 시안 역사박물관의 6차 마방진

중국 시안의 역사박물관에는 13~14세기 원나라 시대에 제작된 6차 마방진이 전시되어 있다. 가로, 세로 6칸씩 모두 36칸에는 1부터 36까지의 수가 배열되어 있으며, 가로, 세로, 대각선의 수들을 합하면 6차 마방진 상수인 111이 된다.

28	4	3	31	35	10
36	18	21	24	11	1
7	23	12	17	22	30
8	13	26	19	16	29
5	20	15	14	25	32
27	33	34	6	2	9

5.1.3 성가족성당(La Sagrada Familia)의 4차 마방진

스페인의 성가족성당(La Sagrada Familia)에는 4차 마방진이 새겨져 있다. 이 마방진은 각 행과 열과 대각선의 수의 합이 33이 되는 마방진이다. 일반적으로 4차 마방진은 1부터 16까지 서로 다른 16개의 수를 사용하는데 10과 14는 중복하여 사용하고 12와 16은 제외했다.

1	14	14	4
11	7	6	9
8	10	10	5
13	2	3	15

5.1.4 리 살로우즈(Lee Sallows)의 마방진

2001년 리 살로우즈(Lee Sallows)는 수를 중복하여 사용하지 않고 합이 33이 되는 마방진을 만들었다. 이 마방진에서는 0부터 16까지의 수를 한 번씩 포함시켰고, 4는 제외했다.

0	5	12	16
15	11	6	1
10	3	13	7
8	14	2	9

5.1.5 스리니바사 라마누잔(Srinivasa Ramanujan)의 마방진

라마누잔의 마방진에서는 가로, 세로 대각선에 있는 수들의 합은 139이며, 같은 색깔로 칠해진 4개의 수들의 합도 139이다. 그리고 1행에 22, 12, 18, 87은 라마누잔의 생일 1887년 12월 22일을 의미한다.

22	12	18	87
88	17	9	25
10	24	89	16
19	86	23	11

22	12	18	87
88	17	9	25
10	24	89	16
19	86	23	11

22	12	18	87
88	17	9	25
10	24	89	16
19	86	23	11

5.1.6 알브레히트 뒤러(Albrecht Dürer)의 4차 마방진

독일 화가 알브레히트 뒤러(Albrecht Dürer, 1471~1528)의 판화 작품 '멜랑콜리아(Melencolia)'에는 4차 마방진이 새겨져 있다. 이 4차 마방진에서 가로, 세로, 대각선의 합은 34로 일정하며, 4행의 숫자 15와 14는 판화를 제작한 1514년을 나타낸다.

16	3	2	13
5	10	11	8
9	6	7	12
4	15	14	1

5.1.7 벤자민 프랭클린(Benjamin Franklin)의 8차 마방진

52	61	4	13	20	29	36	45
14	3	62	51	46	35	30	19
53	60	5	12	21	28	37	44
11	6	59	54	43	38	27	22
55	58	7	10	23	26	39	42
9	8	57	56	41	40	25	24
50	63	2	15	18	31	34	47
16	1	64	49	48	33	32	17

프랭클린 마방진에서 각 행과 열의 수들의 합은 260으로 일정하다. 그러나 대각선 방향으로의 합이 260이 아니다. 대신 프랭클린 마방진은 아래와 같이 같은 색깔로 칠해진 칸의 수들의 합이 260이 된다.

52	61	4	13	20	29	36	45
14	3	62	51	46	35	30	19
53	60	5	12	21	28	37	44
11	6	59	54	43	38	27	22
55	58	7	10	23	26	39	42
9	8	57	56	41	40	25	24
50	63	2	15	18	31	34	47
16	1	64	49	48	33	32	17

52	61	4	13	20	29	36	45
14	3	62	51	46	35	30	19
53	60	5	12	21	28	37	44
11	6	59	54	43	38	27	22
55	58	7	10	23	26	39	42
9	8	57	56	41	40	25	24
50	63	2	15	18	31	34	47
16	1	64	49	48	33	32	17

정의

i) n차 라틴방진(Latin square)은 정사각형 안에 n개의 서로 다른 숫자가 각 행과 열에 한 번씩만 들어가도록 배열한 것을 말한다. 예를 들어 다음은 각 행과 열에 1, 2, 3이 한 번씩만 들어가므로 3차 라틴방진이 된다.

2	3	1
1	2	3
3	1	2

ii) 직교라틴방진(orthogonal Latin square)은 n차 라틴방진을 2개 겹쳐 놓았을 때 정사각형의 n^2개의 칸에 $(1, 1)$부터 (n, n)까지 n^2개의 숫자 쌍이 한 번씩만 들어가도록 배열한 것을 말한다.

 1

2	3	1
1	2	3
3	1	2

$+$

1	3	2
3	2	1
2	1	3

$\Rightarrow$

(2,1)	(3,3)	(1,2)
(1,3)	(2,2)	(3,1)
(3,2)	(1,1)	(2,3)

예 2

1	2	3	4
2	1	4	3
3	4	1	2
4	3	2	1

$+$

1	2	3	4
3	4	1	2
4	3	2	1
2	1	4	3

$\Rightarrow$

(1, 1)	(2, 2)	(3, 3)	(4, 4)
(2, 3)	(1, 4)	(4, 1)	(3, 2)
(3, 4)	(4, 3)	(1, 2)	(2, 1)
(4, 2)	(3, 1)	(2, 4)	(1, 3)

예 3 라틴어와 그리스어를 적은 그레코-라틴방진

A	B	C
B	C	A
C	A	B

$+$

α	γ	β
β	α	γ
γ	β	α

$\Rightarrow$

Aα	Bγ	Cβ
Bβ	Cα	Aγ
Cγ	Aβ	Bα

5.1.8 최석정의 9차 직교라틴방진

조선 숙종 때 영의정을 역임한 최석정(崔錫鼎)의 구수략(九數略)에는 9차 직교라틴방진이 포함되어 있다. 각 칸의 첫 번째 수와 두 번째 수는 각각 9차 라틴방진을 이루면서, 81개의 칸에는 (1, 1)부터 (9, 9)까지 81가지 경우가 중복되지 않고 한 번씩 제시된다.

(5, 1)	(6, 3)	(4, 2)	(8, 7)	(9, 9)	(7, 8)	(2, 4)	(3, 6)	(1, 5)
(4, 3)	(5, 2)	(6, 1)	(7, 9)	(8, 8)	(9, 7)	(1, 6)	(2, 5)	(3, 4)
(6, 2)	(4, 1)	(5, 3)	(9, 8)	(7, 7)	(8, 9)	(3, 5)	(1, 4)	(2, 6)
(2, 7)	(3, 9)	(1, 8)	(5, 4)	(6, 6)	(4, 5)	(8, 1)	(9, 3)	(7, 2)
(1, 9)	(2, 8)	(3, 7)	(4, 6)	(5, 5)	(6, 4)	(7, 3)	(8, 2)	(9, 1)
(3, 8)	(1, 7)	(2, 9)	(6, 5)	(4, 4)	(5, 6)	(9, 2)	(7, 1)	(8, 3)
(8, 4)	(9, 6)	(7, 5)	(2, 1)	(3, 3)	(1, 2)	(5, 7)	(6, 9)	(4, 8)
(7, 6)	(8, 5)	(9, 4)	(1, 3)	(2, 2)	(3, 1)	(4, 9)	(5, 8)	(6, 7)
(9, 5)	(7, 4)	(8, 6)	(3, 2)	(1, 1)	(2, 3)	(6, 8)	(4, 7)	(5, 9)

5.2 마방진 만드는 방법

먼저, 3차, 5차, 7차 등 홀수차 마방진을 만드는 방법에 관해 소개한다. 앞서 살펴본 바와 같이 n차 마방진 상수는 $\dfrac{n(n^2+1)}{2}$이다. 3차 마방진 상수는 $\dfrac{3(3^2+1)}{2}=15$, 5차 마방진 상수는 $\dfrac{5(5^2+1)}{2}=65$이고, 7차 마방진 상수는 $\dfrac{7(7^2+1)}{2}=175$이다.

5.2.1 홀수차 마방진 만드는 방법

1) 바쉐(Bachet)의 방법

① 3차 마방진

3×3 정사각형을 만든 후 바깥쪽에 점선으로 작은 정사각형을 만들어 비스듬히 1부터 9까지 숫자를 써놓은 후에 사각형 바깥에 배치된 숫자는 그 줄 제일 먼 빈칸에 쓴다. 즉, 1은 바로 9 위 빈칸에, 3은 바로 7 옆 빈칸에, 9는 1 아래 빈칸에 쓴다. 빈칸이 모두 채워진 3×3 정사각형 부분이 3차 마방진이 된다. 그러면 먼저 위에서 오른쪽으로 비스듬히 1부터 9까지 숫자를 써넣은 후 얻어진 3차 마방진은 아래와 같다.

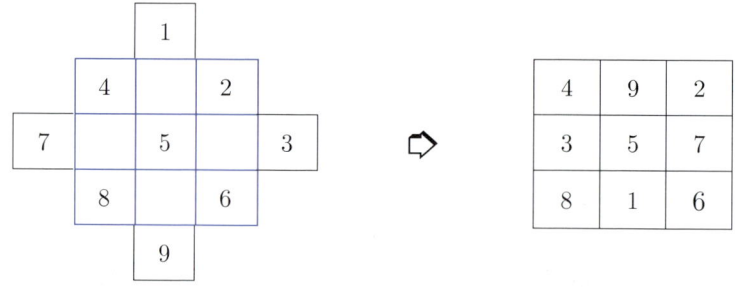

혹은 위에서 왼쪽으로 비스듬히 1부터 9까지 숫자를 써넣고 같은 방법으로 해도 3차 마방진을 얻을 수 있다.

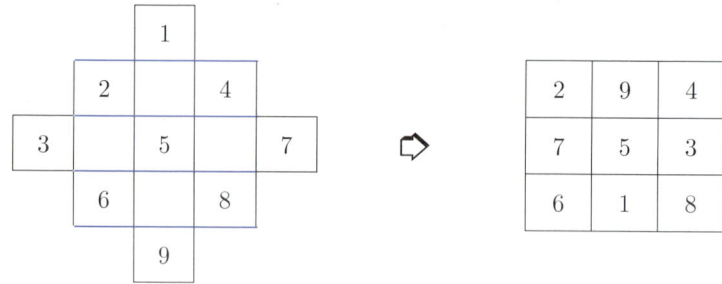

같은 방법으로 아래에서 왼쪽으로 비스듬히 1부터 9까지 숫자를 써넣고 같은 방법으로 해도 3차 마방진을 얻을 수 있다.

8	3	4
1	5	9
6	7	2

② **5차 마방진**

같은 방법으로 5×5 정사각형을 만든 후 바깥쪽에 점선으로 작은 정사각형을 만들어 비스듬히 1부터 25까지 숫자를 써놓은 후에 사각형 바깥에 배치된 숫자는 그 줄 제일 먼 빈칸에 쓴다. 빈칸이 모두 채워진 5×5 정사각형 부분이 5차 마방진이 된다.

11	24	7	20	3
4	12	25	8	16
17	5	13	21	9
10	18	1	14	22
23	6	19	2	15

③ 7차 마방진

같은 방법으로 7×7 정사각형을 만든 후 바깥쪽에 점선으로 작은 정사각형을 만들어 비스듬히 1부터 49까지 숫자를 써놓은 후에 사각형 바깥에 배치된 숫자는 그 줄 제일 먼 빈칸에 쓴다. 단 두 개의 숫자가 사각형 밖으로 나간 경우는 제일 먼 빈칸에 두 숫자를 순서대로 쓴다. 빈칸이 모두 채워진 7×7 정사각형 부분이 7차 마방진이 된다.

2) 샴(Siam)의 방법

홀수차 방진의 윗면 중앙에 1을 놓는다. 그리고 오른쪽 사선 위의 빈칸에 2, 3, …의 순서로 해서 방진의 테두리 밖으로 나오면 그 행의 왼쪽 끝 또는 그 열의 하단의 칸에 수를 넣는다. 만약 오른쪽 사선 위에 이미 수가 들어있으면 그 밑의 칸에 수를 넣는다. 오른쪽 상단 구석에 왔을 때는 그 밑의 칸에 다음 수를 넣는다. 이와 같은 방법으로 방진의 칸이 전부 채워지면 구하고자 하는 마방진이 완성된다.

① 3차 마방진

	9	2	
8	1	6	8
3	5	7	3
4	9	2	

⇨

8	1	6
3	5	7
4	9	2

② **5차 마방진**

	18	25	2	9	
17	24	1	8	15	17
23	5	7	14	16	23
4	6	13	20	22	4
10	12	19	21	3	10
11	18	25	2	9	

⇒

17	24	1	8	15
23	5	7	14	16
4	6	13	20	22
10	12	19	21	3
11	18	25	2	9

같은 방법을 적용하면 7차 마방진도 구할 수 있다.

3) 드 라 히레(De la Hire)의 방법 – 5차 마방진

먼저, 5×5 정사각형을 만든 후 1행 1열에 1을 넣고 2행 3열, 3행 5열, 4행 2열, 5행 4열에 1을 넣는다. 그리고 1의 오른쪽에 순서대로 2, 3, 4, 5를 넣는다. 이렇게 해서 첫 번째 보조방진 A를 만든다.

마찬가지로 5×5 정사각형을 만든 후 1행 1열에 0을 넣고 2행 4열, 3행 2열, 4행 5열, 5행 3열에 0을 넣는다. 그리고 0의 아래쪽에 순서대로 5, 10, 15, 20을 채워 넣는다. 이와 같이하여 보조방진 B를 만든다. 보조방진 A와 보조방진 B에 대응하는 각 칸의 수를 더하면 5차 마방진이 만들어진다.

1	2	3	4	5
4	5	1	2	3
2	3	4	5	1
5	1	2	3	4
3	4	5	1	2

보조방진 A

+

0	15	5	20	10
5	20	10	0	15
10	0	15	5	20
15	5	20	10	0
20	10	0	15	5

보조방진 B

⇨

1	17	8	24	15
9	25	11	2	18
12	3	19	10	21
20	6	22	13	4
23	14	5	16	7

5차 마방진

5.2.2 짝수차 마방진 만드는 방법

1) 4차 마방진 만드는 방법

① **대칭을 이용하는 방법**

4×4 정사각형을 만든 후 1부터 순서대로 16까지 채워 넣는다. 대각선 상의 수는 그대로 두고 그 외의 수는 방진의 중심에 대해 대칭인 위치의 수와 교환하면 4차 마방진이 얻어진다.

1	2	3	4
5	6	7	8
9	10	11	12
13	14	15	16

1	15	14	4
12	6	7	9
8	10	11	5
13	3	2	16

4차 마방진

혹은 4×4 정사각형을 만든 후 대각선상 이외의 수는 그대로 두고, 대각선상의 수는 방진의 중심에 대해 대칭인 위치의 수와 교환해도 4차 마방진이 얻어진다.

1	2	3	4
5	6	7	8
9	10	11	12
13	14	15	16

16	2	3	13
5	11	10	8
9	7	6	12
4	14	15	1

4차 마방진

② **자연수 a, b에 대해 다음과 같이 마방진 상수가 $21a+b$인 4차 마방진을 만들 수 있다.**

$a+b$	a	$12a$	$7a$
$11a$	$8a$	b	$2a$
$5a$	$10a$	$3a$	$3a+b$
$4a$	$2a+b$	$6a$	$9a$

예를 들어 $a=3$, $b=15$이면 다음과 같이 마방진 상수가 78인 4차 마방진을, $a=3$, $b=5$이면 마방진 상수가 68인 4차 마방진을 만들 수 있다.

18	3	36	21
33	24	15	6
15	30	9	24
12	21	18	27

$a=3$, $b=15$일 때 4차 마방진

8	3	36	21
33	24	5	6
15	30	9	14
12	11	18	27

$a=3$, $b=5$일 때 4차 마방진

③ 두 개의 보조방진을 이용하는 방법

4×4 정사각형을 만든 후 1행에 순서대로 1, 2, 3, 4라 쓰고 2행과 3행에는 반대 순서로 4, 3, 2, 1을 쓴다. 그리고 4행에는 순서대로 1, 2, 3, 4라고 쓴다. 이렇게 하면 다음과 같이 첫 번째 보조방진 A가 만들어진다.

1	2	3	4
4	3	2	1
4	3	2	1
1	2	3	4

두 번째 보조방진 B는 보조방진 A의 행과 열을 바꾸고 각 수 i를 $4(i-1)$로 변환하면 다음과 같이 두 번째 보조방진이 얻어진다.

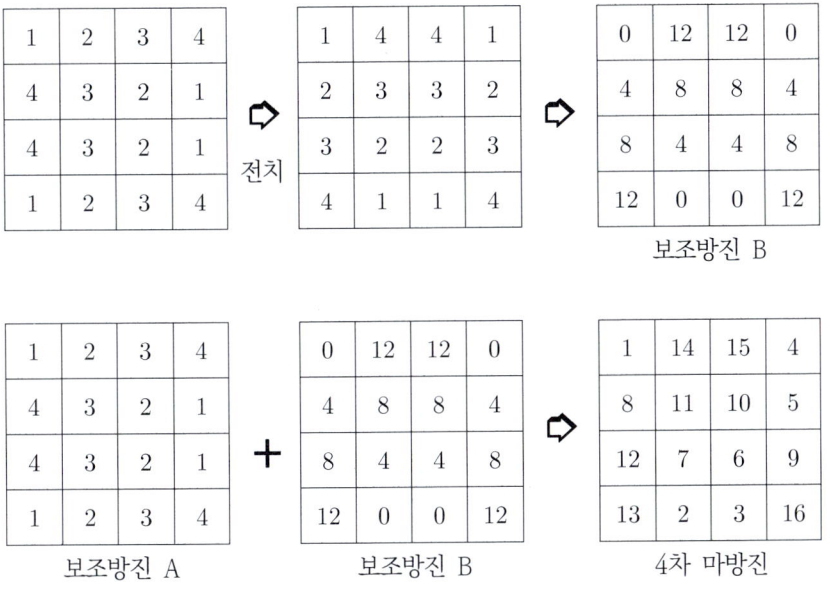

각 칸마다 보조방진 A의 수와 보조방진 B의 수를 합하면 구하고자 하는 4차 마방진을 얻는다.

2) 6차 마방진 만드는 방법

6×6 정사각형을 만든 후 1부터 순서대로 36까지 채워 넣는다. ○의 곳은 바꾸지 않는다. ╱, ╲의 칸의 수는 중심에서 대칭인 칸으로 옮기고 ｜의 칸의 수는 수평선에 대칭인 칸으로 옮기고 ―의 칸의 수는 수직선에 대해 대칭인 칸으로 옮긴다. 그러면 구하고자 하는 6차 마방진이 얻어진다.

1	32	33	4	35	6
12	8	27	28	11	25
18	17	22	21	20	13
19	23	16	15	14	24
30	26	10	9	29	7
31	5	3	34	2	36

6차 마방진

3) 8차 마방진 만드는 방법

8차 마방진의 경우에는 앞의 4차 마방진에서와 같이 8×8 정사각형을 만든 후 1부터 64까지의 숫자를 차례로 적고 중앙점을 대칭으로 양 대각선의 숫자를 서로 맞바꾼다. 예를 들면 1과 64, 10과 55, 8과 57, 15와 50, … 이처럼 서로 맞바꾸면 된다. 그리고 아래의 도표와 같이 각 변의 중앙점을 연결하는 선을 긋고 그 선에 걸쳐진 숫자들을 전체의 중앙점을 축으로 하여 서로 맞바꾼다. 그러면 구하고자 하는 8차 마방진이 얻어진다.

5.3 여러 종류의 마방진 **131**

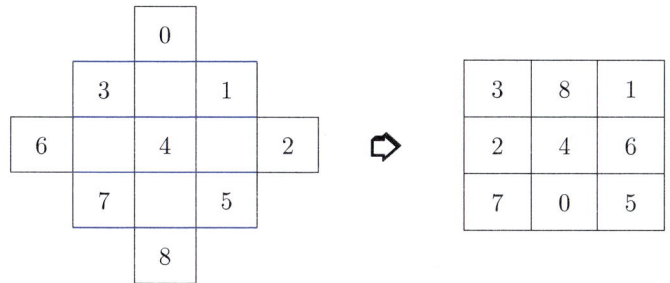

5.3 여러 종류의 마방진

5.3.1 행과 열의 곱이 같은 마방진

바쉐의 방법으로 우선 합이 일정한 3차 마방진을 구한다.

그리고 각 숫자를 2나 3의 지수로 바꾸면 곱이 일정한 곱셈 마방진이 다음과 같이 만들어진다.

3	8	1
2	4	6
7	0	5

2^3	2^8	2^1
2^2	2^4	2^6
2^7	2^0	2^5

8	256	2
4	16	64
128	1	32

3	8	1
2	4	6
7	0	5

3^3	3^8	3^1
3^2	3^4	3^6
3^7	3^0	3^5

27	6561	3
9	81	729
2187	1	243

5.3.2 동심원 마방진

같은 원 상의 네 개의 수를 모두 더하면 각 34가 나오며 중심에서 같은 각도 상에 있는 네 개의 수들의 합도 모두 34가 되는 마방진이다.

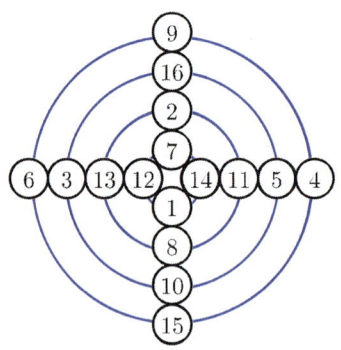

5.3.3 직육면체 마방진

직육면체 각 모서리의 네 점을 모두 합하면 34가 되며 직육면체의 같은 높이에 있는 직사각형 꼭짓점 상의 네 개의 수도 모두 더하면 34가 되는 마방진이다.

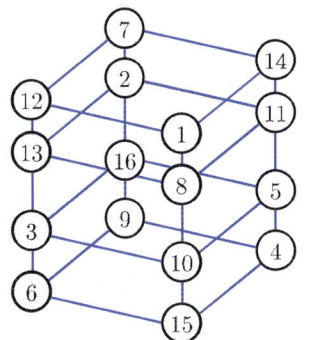

5.3.4 별 마방진

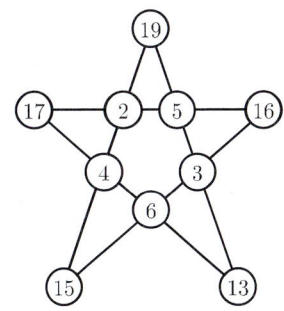

같은 선상의 네 개의 숫자를 모두 더하면 40이 되는 마방진이다.

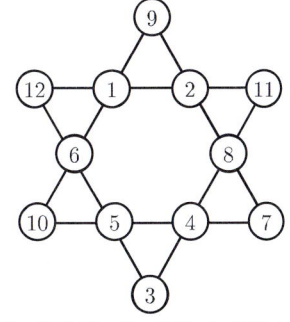

같은 선상의 네 개의 숫자를 모두 더하면 26이 되는 마방진이다.

5.3.5 반사대칭인 마방진

다음은 가로, 세로, 대각선 모두 그 합이 19,998인 마방진이며 거울에 비춰보아도 모두 그 합이 19,998인 마방진이 된다.

8818	1111	8188	1881
8181	1888	8811	1118
1811	8118	1181	8888
1188	8881	1818	8111

1881	8818	1111	8188
8111	1188	8881	1818
8888	1811	8118	1181
1118	8181	1888	8811

5.3.6 조선 시대 최석정의 9차 마방진

조선 숙종 때 영의정을 지낸 최석정의 '구수략'에서 마방진은 1부터 81까지의 수를 중복 없이 배열한 것으로 큰 사각형 전체로도 마방진이 될 뿐만 아니라 그 안의 아홉 개의 정사각형도 모두 마방진이 된다. 그리고 큰 정사각형의 가로, 세로, 대각선의 수를 각각 모두 합하면 각각 369이고 작은 정사각형의 가로, 세로, 대각선의 수를 각각 모두 합하면 각각 123이 된다.

50	18	55	70	5	48	30	76	44
66	31	26	29	81	18	52	11	60
7	74	42	24	37	62	68	36	19
54	67	2	65	25	33	28	23	72
59	21	43	19	41	73	15	61	47
10	35	78	49	57	17	80	39	4
79	1	38	20	69	34	32	64	27
30	71	22	45	11	77	16	51	56
14	46	63	58	53	12	75	8	40

그리고 다음은 1부터 30까지의 정수를 중복 없이 배열하여 6각형을 이루고 있는데 6각형의 수의 합이 93이다.

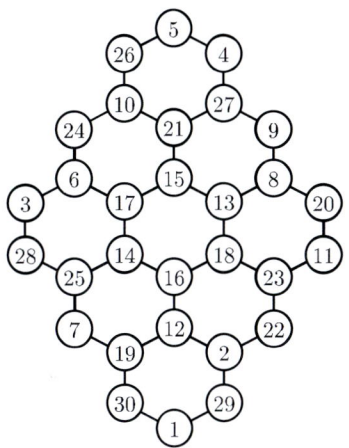

5.4 과학에 이용되는 마방진

5.4.1 농업에 이용되는 마방진

영국의 피셔(Ronald A. Fisher: 1890~1962)는 라틴방진(Latin square)을 이용하여 농업의 생산성을 조사하는 실험을 했다. 그 내용은 다음과 같다.

아래와 같이 피셔는 토질이 일정하지 않은 밭에다 네 종류의 밀 1, 2, 3, 4를 (A) 표에 따라 뿌리고, 네 종류의 비료 1, 2, 3, 4를 (B)표에 따라 준 후 서로 다른 네 종류의 밀과 서로 다른 네 종류의 비료를 주었을 때 (1, 1)부터 (4, 4)까지 발생할 수 있는 16가지 경우에 대해 그 생산성을 비교하였다.

1	2	3	4
2	1	4	3
3	4	1	2
4	3	2	1

(A)

+

1	2	3	4
3	4	1	2
4	3	2	1
2	1	4	3

(B)

⇨

(1, 1)	(2, 2)	(3, 3)	(4, 4)
(2, 3)	(1, 4)	(4, 1)	(3, 2)
(3, 4)	(4, 3)	(1, 2)	(2, 1)
(4, 2)	(3, 1)	(2, 4)	(1, 3)

5.4.2 스포츠에 이용되는 마방진

▶예제▶ **5.1** 네 명의 육상선수 A, B, C, D가 200m 달리기를 하려고 하는데, 운동장 트랙의 커브가 심하여 안쪽과 바깥쪽의 달리기 조건에 차이가 있다고 한다. 달리기 횟수를 4회로 한다고 했을 때 각 선수가 4개의 코스를 1회씩 공평하게 달리기를 하려면 어떻게 해야 할까?

[풀이]

네 명의 선수 A, B, C, D가 네 개의 코스에 각각 1회씩 공평하게 달리기할 수 있는 코스 지정표는 다음과 같다.

	1코스	2코스	3코스	4코스
1회전	D	C	B	A
2회전	B	A	D	C
3회전	A	B	C	D
4회전	C	D	A	B

▶예제▶ **5.2** 네 명의 남자 육상선수 A, B, C, D가 네 명의 여자 육상선수 a, b, c, d와 짝이 되어 2인 3각의 경주를 4회에 걸쳐서 한다고 할 때 공평하게 남녀의 짝을 지우려면 어떻게 해야 할까?

[풀이]

예제 5.1에서와 같이 먼저 네 명의 남자 육상선수 A, B, C, D와 네 명의 여자 육상선수 a, b, c, d가 네 개의 코스에 각각 1회씩 공평하게 나타나도록 하기 위한 달리기 코스 지정표는 다음과 같다.

남자 선수 A, B, C, D의 달리기 코스 지정표

	1코스	2코스	3코스	4코스
1회전	D	C	B	A
2회전	B	A	D	C
3회전	A	B	C	D
4회전	C	D	A	B

여자 선수 a, b, c, d의 달리기 코스 지정표

	1코스	2코스	3코스	4코스
1회전	b	a	d	c
2회전	c	d	a	b
3회전	a	b	c	d
4회전	d	c	b	a

그러면 네 명의 남자 선수 A, B, C, D가 네 명의 여자 선수 a, b, c, d와 짝이 되어 2인 3각의 경주를 4회에 걸쳐서 한다고 할 때 공평하게 남녀의 짝을 지우려면 남자 선수 A, B, C, D의 달리기 코스 지정표와 여자 선수 a, b, c, d의 달리기 코스 지정표를 결합한 직교 라틴방진을 이용하여 짝을 지우면 된다. 남녀 선수들의 달리기 코스 지정표는 다음과 같다.

	1코스	2코스	3코스	4코스
1회전	(D, b)	(C, a)	(B, d)	(A, c)
2회전	(B, c)	(A, d)	(D, a)	(C, b)
3회전	(A, a)	(B, b)	(C, c)	(D, d)
4회전	(C, d)	(D, c)	(A, b)	(B, a)

5장 연습문제

1. 다음의 방법으로 각각 7차 마방진을 만들어 보아라.
  ① 바쉐(Bachet)의 방법
  ② 샴(Siam)의 방법

2. 8차 마방진을 만들어 보아라.

3. 다음 표에서 가로, 세로 대각선의 합이 모두 같도록 빈칸을 채워라.

13		11	
3	16	5	
	9	4	
			1

4. 11부터 27까지의 홀수를 이용하여 3차 마방진을 만들어 보아라.

제6장
암호 속 수학 이야기

6.1 암호학의 기본용어

6.1.1 암호학의 기본용어

1) 평문과 암호문

평문(plain text)은 평범한 사람이 이해할 수 있는 형태인 일반 문장, 아직 암호화되지 않은 원문, 보호하려는 메시지 또는 정보를 말한다.

한편 암호문(cipher text)은 평문을 일반인이 이해할 수 없는 형태로 변형된 문장을 말한다. 즉, 평문이 암호화(encryption) 과정을 거쳐 암호화된(ciphered) 결과, 암호화된 메시지 또는 정보를 말한다. 여기서 평문과 암호문을 이루는 기본단위는 문자 또는 알파벳이다.

2) 암호화, 복호화 및 해독 과정

평문을 암호문으로 바꾸는 과정을 암호화(encryption) 과정, 암호문을 평문으로 변환하는 방법을 알고 평문으로 되돌리는 과정을 복호화(decryption) 과정이라 한다.

한편, 암호문을 평문로 변환하는 방법을 모르는 상태에서 평문을 얻는 과정을 해독 과정(analysis process) 혹은 공격 과정(attack process)이라고 한다.

실제로 암호화는 통신의 발신자(송신자, sender)가 실행하는 내용이고, 복호화는 통신의 수신자(receiver)가 원문으로 복원하기 위하여 실행하는 내용이다.

3) 암호화 키와 복호화 키

평문을 암호문으로 변경하기 위한 비밀번호(key)를 암호화 키(encryption key), 암호문을 평문으로 복원하기 위해 사용하는 비밀번호(key)를 복호화 키(decryption key)라고 한다. 여기서 암호화 키와 복호화 키는 함수로 표현되는데 각각 암호화 함수, 암호화 알고리즘 혹은 복호화 함수, 복호화 알고리즘이라고 한다.

일반적인 암호 사용모델은 다음과 같다.

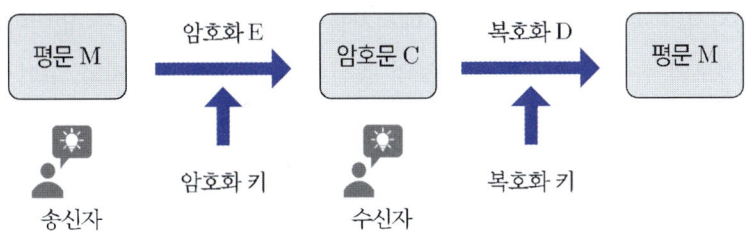

4) 송신자, 수신자, 도청자

정보의 정당한 전송자. 암호화된 정보를 안전하게 보내기를 원하는 사람 또는 주체를 송신자, 송신자로부터 합법적으로 정보를 받는 사람 또는 주체를 수신자라고 한다.

정보를 송수신 및 변조 가능한 자를 참여자(entity), 2인 통신에 있어 송신자도 수신자도 아닌 사람, 송신자와 수신자 사이에 제공되는 정보보안 서비스를 무너뜨리고자 하는 자, 송신자와 수신자 사이에 전송 중인 정보 또는 저장된 정보를 가로채려는 사람 또는 주체를 도청자라고 한다. 여기서 단순히 정보를 가로채려는 사람을 수동적인 도청자, 정보의 변조 또는 차단 등으로 수신자를 혼동하게 하는 도청자를 능동적인 도청자라고 한다.

5) 인증과 전자서명

수신자가 받은 정보가 원래의 송신자로부터 온 것임을 확인, 도청자가 송신자를 가장할 수 없도록 하는 것을 인증이라고 한다. 그리고 수신자가 정보를 보낸 송신자를 통신 중에 위조하지 못하도록 확인하는 체계가 전자서명이다.

6) 부인봉쇄, 무결성과 기밀성

메시지의 송신자가 나중에 그 메시지를 보낸 것을 부정할 수 없어야 한다. 정보의 송수신 과정에서 정보의 송신 또는 수신을 송신자와 수신자가 부인하지 못하도록 하는 성질을 부인봉쇄라고 한다. 그리고 메시지의 수신자는 그 메시지가 전달 중에 수정되지 않았다는 것을 결정할 수 있어야 하는데, 전송된 정보가 변조되지 않게 하는 성질을 무결성이라고 한다. 한편, 기밀성은 수동적인 공격으로부터 데이터를 보호하는 것으로서 정당한 권한이 부여된 사용자만이 데이터의 내용을 파악할 수 있게 하는 것을 의미한다.

6.1.2 암호계의 분류

1) 대칭암호와 비대칭암호

암호화 키와 복호화 키가 같은 암호체계를 대칭암호라고 한다. 두 개의 키(key)가 같으므로 원하지 않는 사람에게로의 키의 유출을 막기 위해서 키를 비밀리에 사용하여야 한다. 그래서 비밀키 암호라고도 한다. 대표적인 암호로는 DES 암호가 있다.

한편 암호화 키가 복호화 키와는 다른 암호체계를 비대칭암호라고 한다. 암호화 키와 복호화 키가 다르므로 암호화 키를 공개하여도 도청의 염려가 없으므로 공개키 암호라고도 한다. 주로 전자상거래 등에 이용된다. 대표적 암호로는 RSA 암호가 있다.

2) 블록암호와 스트림암호

암호화하는 과정에서 변환되는 단위가 블록인 암호, 암호함수의 정의역에 속하는 단위가 유한인 암호를 블록암호라고 하며 무한 이진수열을 이용하여 이진수열로 변환된 평문을 암호화하는 암호를 스트림암호라고 한다.

6.1.3 암호계의 응용

예제 6.1 전화를 통한 동전 던지기

전화 또는 통신을 이용하여 서로 신뢰하지 못하는 사람 간에 상대방이 보이지 않는 상황에서 동전을 던져서 나온 결과에 따라 어떤 일을 하려고 할 때 동전을 던진 사람이 유리하도록 거짓말을 할 수 있으며 상대방은 동전을 던진 결과에 승복하지 못하는 경우가 있다. 동전을 던진 사람은 속일 수 없도록 하고 상대방은 결과에 승복할 수 있는 장치가 필요한데 이 장치를 만드는 과정에서 암호계가 필요하다. 이것은 1982년 Blum에 의해 제안되었다.

▶예제 6.2 전자 투표

전자 투표는 국제적인 학회나 회사 같은 곳에서 직접 비밀 투표를 못할 때 인터넷을 통하여 투표함으로써 직접 비밀 투표를 대신할 수 있는 제도이다. 이때 필요한 조건은 합법적인 유권자만이 투표를 할 수 있고, 유권자는 꼭 한 표를 행사해야 한다. 그리고 유권자가 투표한 결과의 비밀이 보장되어야 하고, 유권자가 본인이 투표한 결과를 확인할 수 있어야 한다. 이러한 사항들을 충족시키는 시스템을 만드는 데 암호계가 이용된다.

▶예제 6.3 전자상거래(electronic business)

전자상거래는 인터넷이나 PC 통신을 통하여 서로 신뢰하지 못하는 둘 또는 다자간에 상품을 사고파는 거래를 말한다. 상품을 보내고 대금을 결제하는 일에 암호계가 이용된다. 실제로 상품을 보낸 송신자는 보내고자 하는 수신자가 상품을 수신한 것을 확인하고 또한 상품을 수신한 사람은 대금을 송금하고 상품 송신자에게 입금된 것을 확인할 수 있게 됨으로써 안전한 거래가 이루어진다.

▶예제 6.4 전자 화폐

전자 화폐는 현재의 화폐를 그대로 디지털화한 것으로 인터넷이나 PC 통신을 통한 전자상거래의 지불 시스템을 총괄하여 의미한다. 예를 들어 전자 신용카드, 전자 수표, 전자 현금 등 통신에 의한 전자상거래에서 사용할 수 있는 가상 화폐이다. 이 외에도 스마트머니 등 다양한 암호화가 필요한 통신 대상들이 급증하고 있다.

6.2 암호의 역사

6.2.1 암호의 역사적 변천

1) 고전암호(약 기원전 400년~1920년경)

기계의 도움이 없이 사용된 암호이다. 단순히 문자를 다른 문자로 대입하는 방법인 대입암호, 문자들을 나열한 후 나열된 문자들의 순서를 적당히 바꾸어 나열하는 방법인 치환암호, 암호화하는 문자들의 개수의 적당한 약수를 택하여 문자들을 나열한 후 행과 열을 바꾸어 쓰고 순서대로 문자들을 나열한 방법인 전치암호 그리고 세 가지 암호화 방법을 적절하게 혼합한 방법인 곱암호가 주로 이용되었다.

고전암호계의 주된 특징은 암호화 키와 복호화 키가 같고 블록 단위로 암호화하는 대칭블록암호이다. 예로는 Scytale 암호, Caesar 암호, Vigenere 암호 Beaufort 암호 등이 있다.

2) 기계암호(1920~1950년)

기계암호는 세계대전을 치르는 기간의 시기에 전쟁을 위한 군사기밀의 통신을 위한 암호의 사용으로 발달한 암호이다.

기계암호의 특징으로는 대칭블록암호이며, 블록의 길이를 크게 만들어 복호할 때 상당한 계산량을 요구하도록 했으므로 그 당시 절대로 해독되기 힘든 암호로서 간주되었다. 그러나 컴퓨터 개발과 더불어 기계암호도 쉽게 해독이 되어버려 자취를 감추었다. 예로는 제2차 세계대전 중 독일이 사용한 Enigma와 미국이 사용한 M-209 등이 있다.

3) 현대암호(컴퓨터 암호)(1950년~현재)

현대암호는 암호화 복호화 등 모든 과정이 컴퓨터에 의해 수행되는 암호이며 대표적인 현대암호로는 DES 암호, RSA 암호 등이 있다.

현대암호계의 특징으로는 커다란 블록을 이용하는 대칭블록암호, 비트별로 암호화하는 스트림암호, 암호화 키와 복호화 키가 다른 비대칭블록암호이다. 예로는 DES 암호(대칭블록암호), RSA 암호(비대칭블록암호) 등이 있다.

6.2.2 역사 속의 암호

1) 스키테일(Scytale) 암호

암호문을 처음 사용한 사례는 기원전 450년경 그리스인들에게서 발견되었는데, 역사상 가장 오래된 암호로 알려져 있다. 당시 그리스 도시국가에서는 제독이나 장군을 다른 지역으로 파견할 때 길이와 굵기가 같은 스키테일이라 불리는 2개의 나무 봉을 하나씩 나눠 가졌다. 둘 사이에 메시지 소통 방식은 나무봉에 양피지 가죽을 서로 겹치지 않도록 감아올린 뒤 그 위에 가로로 글씨를 쓴 후 양피지 가죽을 풀어서 보면 무슨 내용인지 전혀 알 수 없으나 같은 크기의 나무 봉에 감으면 그 내용을 비로소 알 수 있게 된다는 것이었다. 이 나무 봉을 스키테일(scytale)이라 불렀기 때문에 이 암호를 '스키테일 암호'라 부른다.

2) 시저 암호

A는 D로, B는 E로 바꿔 읽는 방식이었다. 3글자씩 밀어서 암호화한다.

A	B	C	D	E	F	G	H	I	J	K	L	M
⇩	⇩	⇩	⇩	⇩	⇩	⇩	⇩	⇩	⇩	⇩	⇩	⇩
D	E	F	G	H	I	J	K	L	M	N	O	P

N	O	P	Q	R	S	T	U	V	W	X	Y	Z
⇩	⇩	⇩	⇩	⇩	⇩	⇩	⇩	⇩	⇩	⇩	⇩	⇩
Q	R	S	T	U	V	W	X	Y	Z	A	B	C

3) 은어를 사용

본래의 뜻과는 전혀 다른 엉뚱한 단어를 사용해 메시지를 전달하는 방식이다. 예를 들어 18세기 무렵 러시아 주재 프랑스 대사는 러시아 주변의 정세를 본국에 알릴 때 은어를 사용하였는데, '모피를 주문했다'는 '군사를 빌려줄 것을 요청했다', '이리 모피'는 '오스트리아 대사'를 의미했다고 한다. 또 다른 예로서 1957년 KGB(소련 국가보안위원회)의 한 첩자가 KGB에 보낸 보고서에 따르면 '나는 거리에서 목적물을 만나 인사를 했다'는 '우크라이나 민족주의자 리베트를 암살했다'를 의미했다고 한다.

4) 전설적인 여 첩보원 마타하리의 악보 암호

1차 대전(1914~1918)의 전설적인 독일 여 첩보원 마타하리는 악보를 암호로 만들어 사용했다고 한다. 당시 마타하리가 사용한 악보 암호는 다음과 같다.

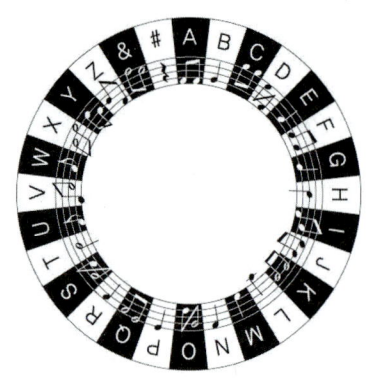

5) 레몬즙 암호

사극에서 자주 등장하는 형태의 암호인데 암호화 과정은 다음과 같다. 레몬즙을 붓에 묻혀서 하얀 종이에 글씨를 쓰고 시간이 지나 마르면 글씨가 안 보이게 되는데 그 종이를 불에 살짝 타지 않게 그을리면 레몬즙으로 쓴 글씨가 보이게 된다.

6) 조선시대의 암호

한글 자음 14자를 순서대로 한자 숫자로 바꾸는 간단한 방법의 암호이었다.

> **예**
>
> 암호문 '一ㅣ五二ㅐ七ㅣ二__二三ㅐ五ㅓ四ㅣ'을 해독해보자. 사용된 암호화 키는 다음과 같다.

평문	ㄱ	ㄴ	ㄷ	ㄹ	ㅁ	ㅂ	ㅅ
키	一	二	三	四	五	六	七

평문	ㅇ	ㅈ	ㅊ	ㅋ	ㅌ	ㅍ	ㅎ
키	八	九	十	十一	十二	十三	十四

복호해보면 평문은 '김내시는 대머리'이다.

7) 에니그마(Enigma)

제2차 세계대전에서 독일이 유럽을 침공할 때 모든 지령문은 에니그마를 통해 암호화하였다.

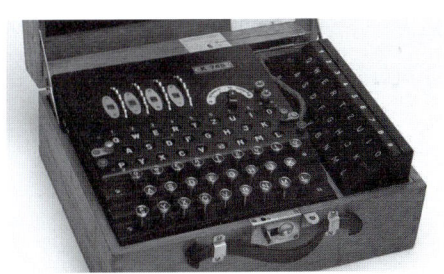

8) 콜로수스(Colossus)

엘런 매시선 튜링(Alan Mathison Turing, 1912~1954)의 아이디어를 바탕으로 1943년에 만들어진 2,400개의 진공관을 가진 전자식 해독기로서 독일의 에니그마 암호문을 해독하였다. 콜로수스는 '거인'이란 의미로서 1초에 25,000자를 번역했다고 한다.

6.3 고전암호, 전치암호

전치암호(transposition cipher)는 주어진 $d \cdot n$개의 문자들의 열을 문자들의 약수인 적당한 d에 대하여 한 행에 n개의 문자들을 나열하여 $d \times n$ 행렬을 만들고 이의 전치행렬 $n \times d$ 행렬로 만들어 다시 나열하여 암호화하는 암호이다.

전치암호는 인류 역사상 가장 오래된 암호로 기원전 400년경 그리스인이 사용하였다. 이 암호는 폭이 좁고 긴 띠 모양의 종이를 둥근 막대기에 감고 평문을 가로로 쓴 다음에 종이를 풀어놓아 문자가 재배열되는 방법인 스키테일 암호를 수리화한 것이다. 그러면 주어진 평문을 전치암호를 이용하여 암호화해보자.

6.3 고전암호, 전치암호

▶예제 6.5 평문이 'PASSWORD'라고 하자. 평문의 글자 수가 8자이며 8의 약수는 1, 2, 4, 8이다. 이 중에서 1과 8은 암호화하는 데 의미가 없다. 2, 4 중에서 주기를 $d=4$로 했을 때 전치암호를 구해보면 다음과 같다.

P	A	S	S
W	O	R	D

 전치시키면

P	W
A	O
S	R
S	D

전치된 결과를 일렬로 쓰면 구하고자 하는 전치암호문을 얻을 수 있다. 구하고자 하는 암호문은 PWAOSRSD이다.

주어진 전치암호문을 복호화하려면 암호화할 때와 마찬가지로 문자 수의 약수를 택하고 그 수 만큼의 열을 가진 행렬을 만든다. 그 후 전치시키고 일렬로 썼을 때 의미가 통하면 그것이 바로 구하고자 하는 평문이 된다. 만약 그와 같은 과정을 거쳤는데 의미가 통하지 않는다면 다른 약수를 취해 같은 방법을 시행해보면 된다.

▶예제 6.6 다음의 암호문을 복호화하여 보자.

암호문 :

'나름아년와가는다가이희득항움는며망합상을청용으니아찾소기로다'

─[풀이]─

암호문 '나름아년와가는다가이희득항움는며망합상을청용으니아찾소기로다'에서 암호문의 글자 수가 30자이며 30의 약수는 1, 2, 3, 5, 6, 10, 15, 30이다. 이 중에서 1과 30은 암호화하는 데 의미가 없다. 2, 3, 5, 6, 10, 15 중에서 주기를 $d=6$으로 택하자.

나	름	아	년	와	가
는	다	가	이	희	득
항	움	는	며	망	합
상	을	청	용	으	니
아	찾	소	기	로	다

전치시키면

나	는	항	상	아
름	다	움	을	찾
아	가	는	청	소
년	이	며	용	기
와	희	망	으	로
가	득	합	니	다

따라서 평문은 '나는 항상 아름다움을 찾아가는 청소년이며 용기와 희망으로 가득합니다.'이다.

>예제 **6.7** 다음의 암호문을 복호화하여 보자.

암호문 :

  '나다는용로는움청기가항을소와득상찾년희합아아이망니름가며으다'

---[풀이]

암호문 '나다는용로는움청기가항을소와득상찾년희합아아이망니름가며으다'의 글자 수가 30자이며 30의 약수는 1, 2, 3, 5, 6, 10, 15, 30이다. 이 중에서 1과 30은 암호화하는 데 의미가 없다. 2, 3, 5, 6, 10, 15 중에서 주기를 $d=5$로 택하자.

나	다	는	용	로
는	움	청	기	가
항	을	소	와	득
상	찾	년	희	합
아	아	이	망	니
름	가	며	으	다

전치시키면

나	는	항	상	아	름
다	움	을	찾	아	가
는	청	소	년	이	며
용	기	와	희	망	으
로	가	득	합	니	다

따라서 평문은 '나는 항상 아름다움을 찾아가는 청소년이며 용기와 희망으로 가득합니다'이다.

위의 예와 같이 같은 평문이라도 주기를 다른 것으로 택하면 암호문은 달라질 수 있다.

▶예제◀ **6.8** 다음의 암호문을 복호화하여 보자.

암호문 :

　　　　'우학아많움것리을합은을입는참니즐주니수좋다거는다'

─[풀이]─────────────────
같은 방법으로 풀면 된다.

▶예제◀ **6.9** 암호문 'HMMETEEURALINACPADTK'을 복호화하여 보자.

─[풀이]─────────────────
같은 방법으로 풀면 된다.

6.4 고전암호, 치환암호

치환암호는 주어진 문자들의 열을 d개씩 나누어 각각의 위치를 치환시킴으로써 만들어지는 암호이다. 즉, 평문을 고정된 길이의 블록으로 나눈 후에 각 블록 내에 있는 문자들을 일정한 방식에 의해 재배열함으로써 암호문을 생성한다. 치환암호를 정의하기 전에 치환의 수학적 정의가 필요하다.

정의 치환

$I_n = \{1, 2, \cdots, n\}$이라고 할 때 I_n 위에서의 치환(permutation)이란 I_n에서 I_n으로의 전단사 함수를 말한다.

정의역의 원소 $I_n = \{1, 2, \cdots, n\}$에 대해 $1 \to i_1, 2 \to i_2, \cdots, n \to i_n$에 대응될 때 이 대응을 $\begin{pmatrix} 1 & 2 & \cdots & n \\ i_1 & i_2 & \cdots & i_n \end{pmatrix}$로 나타낸다.

예를 들어 $I_4 = \{1, 2, 3, 4\}$에 대해 $1 \to 2, 2 \to 3, 3 \to 4, 4 \to 1$는 $\begin{pmatrix} 1 & 2 & 3 & 4 \\ 2 & 3 & 4 & 1 \end{pmatrix}$로 나타낸다.

예제 6.10 평문이 'I LOVE YOU'이고 암호화 함수 $f = \begin{pmatrix} 1 & 2 \\ 2 & 1 \end{pmatrix}$일 때 치환을 사용하여 평문을 암호문으로 만들어 보자.

[풀이]

평문 'I LOVE YOU'에 대해 암호화 함수가 $f = \begin{pmatrix} 1 & 2 \\ 2 & 1 \end{pmatrix}$이므로 $f(1) = 2$, $f(2) = 1$이다. 평문을 두 글자씩 나누고 두 문자의 위치를 바꾸면 된다.

평문	I	L	O	V	E	Y	O	U
암호문	L	I	V	O	Y	E	U	O

따라서 암호문은 'LIVOYEUO'이다.

▶예제 6.11 평문이 INTEGERS이고 암호화 함수 $f = \begin{pmatrix} 1 & 2 & 3 & 4 \\ 2 & 4 & 1 & 3 \end{pmatrix}$ 일 때 치환을 사용하여 평문을 암호문으로 만들어 보자.

[풀이]

같은 방법으로 풀면 된다.

▶예제 6.12 평문이 'CRYPTOGRAPHY'이고 암호화 함수 $f = \begin{pmatrix} 1 & 2 & 3 & 4 \\ 2 & 3 & 4 & 1 \end{pmatrix}$ 일 때 치환을 사용하여 평문을 암호문으로 만들어 보자.

[풀이]

평문 'CRYPTOGRAPHY'에 대해 암호화 함수가 $f = \begin{pmatrix} 1 & 2 & 3 & 4 \\ 2 & 3 & 4 & 1 \end{pmatrix}$ 이므로 $f(1) = 2$, $f(2) = 3$, $f(3) = 4$ 그리고 $f(4) = 1$이다. 평문을 네 글자씩 나누고 네 문자의 위치를 바꾸면 된다.

평문	C	R	Y	P	T	O	G	R	A	P	H	Y
암호문	P	C	R	Y	R	T	O	G	Y	A	P	H

따라서 암호문은 'PCRYRTOGYAPH'이다.

6.4 고전암호, 치환암호

Note

암호화 함수가 $f = \begin{pmatrix} 1 & 2 & 3 & 4 \\ 2 & 3 & 4 & 1 \end{pmatrix}$일 때 복호화는 f의 역치환은 $\begin{pmatrix} 1 & 2 & 3 & 4 \\ 4 & 1 & 2 & 3 \end{pmatrix}$ 이다. 역치환을 이용하면 주어진 암호문을 복호화할 수 있다.

즉, 암호문은 'PCRYRTOGYAPH'에 대해 복호화 함수가 $f^{-1} = \begin{pmatrix} 1 & 2 & 3 & 4 \\ 4 & 1 & 2 & 3 \end{pmatrix}$이므로 암호문을 네 글자씩 나누고 네 문자의 위치를 바꾸면 된다.

암호문	P	C	R	Y	R	T	O	G	Y	A	P	H
평문	C	R	Y	P	T	O	G	R	A	P	H	Y

따라서 평문은 'CRYPTOGRAPHY'이다.

▶예제◀ **6.13** 치환을 이용하여 다음의 암호문을 복호화하여라.

암호문 :

호공암재미부다상있하다쾌

[풀이]

같은 방법으로 풀면 된다.

6.5 고전암호, 대입암호

대입암호는 알파벳의 집합에서 알파벳의 집합으로 보내지는 일대일대응 함수에 의해 평문의 모든 기호가 암호화되는 암호이다. 대입암호는 전치암호나 치환암호와는 다르게 평문의 문자가 다른 문자로 대체된다. 간단한 형태의 대입암호의 예는 다음과 같다.

▶예제 6.14 암호 변환 함수 f 가 다음과 같이 정의된다고 하자.

A	B	C	D	E	F	G	H	I	J	K	L	M
↓	↓	↓	↓	↓	↓	↓	↓	↓	↓	↓	↓	↓
H	I	J	K	P	Q	R	S	A	B	C	D	E

N	O	P	Q	R	S	T	U	V	W	X	Y	Z
↓	↓	↓	↓	↓	↓	↓	↓	↓	↓	↓	↓	↓
F	G	L	M	N	O	X	Y	Z	T	U	V	W

암호문 'A DGZP VGY'를 복호화하여라.

[풀이]

I가 A로 암호화되므로 A가 I로 복호화된다. 같은 방법으로 L이 D로 암호화되므로 D가 L로 복호화된다. 이 방법을 계속하면 평문이 'I LOVE YOU'임을 쉽게 알 수 있다.

>>>예제 **6.15** 암호화 함수 f가 $M = \{A, B, C, \cdots, Z\}$을 다음과 같이 사상시킨다고 하자.

평문	A	B	C	D	E	F	G	H	I	J	K	L	M
암호문	E	I	P	F	D	J	Q	U	W	O	C	X	T

평문	N	O	P	Q	R	S	T	U	V	W	X	Y	Z
암호문	Y	B	K	V	Z	R	A	N	S	M	G	L	H

암호문 'NYWSDZRWAL'을 복호화하여라.

[풀이]

같은 방법으로 풀면 된다.

6.5.1 아트바쉬 암호

대입암호 중 가장 간단한 것은 '아트바쉬 암호(Atbash cipher)'이다. 유대인들은 히브리어의 첫 번째 알파벳인 aleph를 마지막 알파벳인 tav로, 앞에서 두 번째 알파벳인 beth를 끝에서 두 번째 알파벳인 shin으로 바꾸는 식으로 치환했다. 구약성서 예레미야서에 아트바쉬 암호가 나온다. 예를 들어 예레미야서 25장 26절과 51장 41절에 세삭(Sheshakh)이 나오는데 이는 바빌론(Babylon)을 히브리어 알파벳에서 아트바쉬 암호로 변환시킨 것이다. 아트바쉬 암호를 영어 알파벳에 적용시키면 다음과 같다.

원래의 알파벳	A	B	C	D	E	F	G	H	I	J	K	L	M
변환된 알파벳	Z	Y	X	W	V	U	T	S	R	Q	P	O	N

아트바쉬 암호는 암호화 방식이 한 가지밖에 없기 때문에 해독되기가 쉽다.

▶▶예제 6.16 아래 아트바쉬 암호문을 복호화하여라.

① 아트바쉬 암호문 : R OLEV BLF
② 아트바쉬 암호문 : KZIZWRHVRHDSVIVRZN

─[풀이]──────────────
①

아트바쉬 암호문	R	O	L	E	V	B	L	F
평문	I	L	O	V	E	Y	O	U

따라서 평문은 'I LOVE YOU'이다.

② 같은 방법으로 풀면 된다.

6.5.2 시저(Caesar) 암호

기록에 의하면 Caesar가 최초로 대입암호를 사용했다고 한다. 그는 평문의 각 문자를 알파벳 순서대로 세 번째 문자와 대체하여 암호문을 생성했다. 시저 암호의 암호 변환 함수 f는 A는 D로, B는 E로 바꿔 읽는 방식이다. 다시 말해 시저 암호는 아래와 같이 3글자씩 밀어서 암호화한다.

A	B	C	D	E	F	G	H	I	J	K	L	M
⇩	⇩	⇩	⇩	⇩	⇩	⇩	⇩	⇩	⇩	⇩	⇩	⇩
D	E	F	G	H	I	J	K	L	M	N	O	P

N	O	P	Q	R	S	T	U	V	W	X	Y	Z
⇩	⇩	⇩	⇩	⇩	⇩	⇩	⇩	⇩	⇩	⇩	⇩	⇩
Q	R	S	T	U	V	W	X	Y	Z	A	B	C

알파벳의 각 문자를 아래와 같이 $A \to 0,\ B \to 1,\ C \to 2,\ \cdots,\ Z \to 25$로 대응시키자.

A	B	C	D	E	F	G	H	I	J	K	L	M
0	1	2	3	4	5	6	7	8	9	10	11	12

N	O	P	Q	R	S	T	U	V	W	X	Y	Z
13	14	15	16	17	18	19	20	21	22	23	24	25

f를 암호화 함수, f^{-1}를 복호화 함수라 하면 시저 암호의 암호화 함수와 복호화 함수는 각각 $f(x) \equiv x+3 \pmod{26}$, $f^{-1}(x) \equiv x-3 \pmod{26}$로 주어진다.

시저 암호의 일반화된 암호화 방식은 $E_k(m) \equiv m+k \bmod 26 (k=1,$ $2, 3, \cdots, 25)$이다.

즉, 알파벳의 크기가 26이고 각 평문 문자의 위치를 알파벳 순서대로 앞의 k번째 문자와 대체하게 된다. 일반화된 시저 암호의 복호화는 $D_k(c)$ $\equiv c-k \bmod 26 (k=1, 2, 3, \cdots, 25)$이다.

▶예제▶ **6.17** 평문 'COME TO ROME'의 시저 암호문을 구하여라.

[풀이]

시저 암호의 암호화 함수는 $f(x) \equiv x+3 \pmod{26}$이다.

평문	C	O	M	E	T	O	R	O	M	E
	2	14	12	4	19	14	17	14	12	4
암호문	5	17	15	7	22	17	20	17	15	7
	F	R	P	H	W	R	U	R	P	H

따라서 암호문은 'FRPH WR URPH'이다.

예제 6.18 다음 암호문을 복호화하여라.

① 암호문 : M PSZI CSY
② 암호문 : BRX FDQ ZULWH D OHWWHU

[풀이]

① $f^{-1}(x) \equiv x - 4 \pmod{26}$을 이용하여 암호문 'M PSZI CSY'를 복호화하면 다음과 같다.

암호문	M	P	S	Z	I	C	S	Y
	12	15	18	25	8	2	18	24
평문	8	11	14	21	4	24	14	20
	I	L	O	V	E	Y	O	U

따라서 평문은 'I LOVE YOU'이다.

② $f^{-1}(x) \equiv x - 3 \pmod{26}$을 이용하여 암호문을 복호화하면 된다.

6.6 ADFGVX 곱암호

앞에서 설명한 각각의 암호는 간단하므로 해독 또한 용이하다. 따라서 전치암호, 치환암호, 대입암호의 원리를 동시에 이용하여 비교적 해독하기 힘든 곱암호를 설계하였다. 예로는 제1차 세계대전 당시 독일군이 사용한 ADFGVX 곱암호가 있다.

	A	D	F	G	V	X
A	K	Z	W	R	1	F
D	9	B	6	C	L	5
F	Q	7	J	P	G	X
G	E	V	Y	3	A	N
V	8	O	D	H	0	2
X	U	4	I	S	T	M

⟨ADFGVX 표⟩

ADFGVX 곱암호의 암호화 과정은 다음과 같다.

ADFGVX 곱암호의 암호화 과정
① 알파벳 26개와 숫자 10개를 행렬로 나열한 ADFGVX 표에 의해 대입 → 대입암호
② ①에 의해 변환된 문자들을 7문자의 열로 배열하고 각 열에 DEUTSCH의 알파벳을 배정하여 DEUTSCH의 각 열을 알파벳 순서 CDEHSTU대로 치환 → 치환암호
③ ②에서 얻은 행렬을 전치시킨다. → 전치암호

6.6 ADFGVX 곱암호

예제 6.19 다음 평문을 〈ADFGVX 표〉를 이용하여 암호문으로 만들어라.

평문 :

PRODUCT CIPHERS

[풀이]

P는 F행 G열에 있으므로 FG가 되고 같은 방법으로 하면

FG AG VD VF XA DG XV DG XF FG VG GA AG XG

인 일차 암호문을 얻은 후 DEUTSCH에 차례로 나열한다.

D	E	U	T	S	C	H
F	G	A	G	V	D	V
F	X	A	D	G	X	V
D	G	X	F	F	G	V
G	G	A	A	G	X	G

다시 이것을 알파벳 순서 C D E H S T U로 열들을 치환한 후 전치한다.

C	D	E	H	S	T	U
D	F	G	V	V	G	A
X	F	X	V	G	D	A
G	D	G	V	F	F	X
X	G	G	G	G	A	A

⇨ 전치시키면

D	X	G	X
F	F	D	G
G	X	G	G
V	V	V	G
V	G	F	G
G	D	F	A
A	A	X	A

따라서 위 결과를 일렬로 쓰면 최종암호문

    DXGX   FFDG   GXGG   VVVG   VGFG   GDFA   AAXA

를 얻는다.

이 암호계의 복호화는 암호화 과정의 역순으로 암호문을 변환하여 평문을 얻는다. 즉, 최종암호문을 7행인 행렬을 만들고 전치한 후 첫 행에 CDEHSTU를 붙이고 다시 이를 DEUTSCH의 순서로 열을 치환한다. 그리고 행렬의 성분을 일렬로 나열한 뒤 〈ADFGVX 표〉를 이용하면 평문을 얻을 수 있다.

6.7 암호의 해독

암호문 공격이란 암호문을 해독하는 행위를 말한다. 암호문 공격을 하는 방법은 크게 세 가지가 있다.

> **암호문 공격을 하는 방법**
> ① 전수 공격은 암호화할 때 일어날 수 있는 모든 가능한 경우에 대하여 조사하는 방법이다. 이것은 가장 정확한 방법이기는 하지만 경우의 수가 적을 때 유용하고 경우의 수가 많을 때는 실현 불가능한 방법이다.
> ② 통계적 분석으로 암호문을 공격할 수 있는데 이것은 암호문에 대한 평문의 각 단위의 빈도에 관한 자료를 포함하는 지금까지 모든 알려진 통계적인 자료를 이용하여 해독하는 방법이다.
> ③ 수학적 분석을 통해 암호문을 공격할 수 있는데 이것은 통계적인 방법을 포함하며 수학적 이론을 이용하여 해독하는 방법이다.

그러면 고전암호로서 주어진 평문으로 전치암호, 치환암호 그리고 시저암호 등의 단순대입암호를 만들 수 있는 개수는 몇 개가 될까?

먼저 주어진 평문으로 만들 수 있는 전치암호의 개수를 조사해보자. 평문의 문자 수를 n이라 하고 n의 약수의 개수가 m이라고 하자. n의 약수로서 주기를 1이나 n으로 하는 것은 암호화되지 않으므로 의미가 없다. 따라서 n개의 문자수로 주어진 평문으로 만들 수 있는 전치암호의 개수는 $m-2$개가 된다.

예를 들어 평문이 'CRYPTOGRAPHY'라고 하자. 평문의 글자 수가

12자이며 12의 약수는 1, 2, 3, 4, 6, 12로 총 6개이다. 이 중에서 1과 12는 암호화하는 데 의미가 없다. 주기로 쓸 수 있는 것은 2, 3, 4, 6으로 총 4개가 된다.

그러면 주어진 평문으로 만들 수 있는 치환암호의 개수는 얼마나 될까? 평문의 문자 수를 n이라 하면 가능한 치환암호의 개수는 자기 자신으로 보내는 일대일대응함수인 경우를 제외해야 하므로 주기가 2인 경우는 $2!-1$개, 주기가 3인 경우는 $3!-1$개, 주기가 4인 경우는 $4!-1$개, …, 주기가 n인 경우 $n!-1$개가 되어 이 경우를 모두 합하면

$$(2!-1)+(3!-1)+(4!-1)+\cdots+(n!-1)$$
$$=2!+3!+4!+\cdots+n!-(n-1)개$$

가 되므로 전치암호보다는 경우의 수가 훨씬 많다.

예를 들어 평문이 'I LOVE YOU'라면 이것으로 만들 수 있는 치환암호를 생각해보자.

먼저 주기가 2이라면 주기가 2인 치환은 2가지 $\begin{pmatrix} 1 & 2 \\ 1 & 2 \end{pmatrix}$, $\begin{pmatrix} 1 & 2 \\ 2 & 1 \end{pmatrix}$가 있다. 여기서 $f = \begin{pmatrix} 1 & 2 \\ 1 & 2 \end{pmatrix}$은 평문과 같으므로 암호문이 되지 않는다. 따라서 주기가 2인 경우 가능한 치환암호는 한 가지뿐이다.

주기가 3이라면 치환은 6가지

$$\begin{pmatrix} 1 & 2 & 3 \\ 1 & 2 & 3 \end{pmatrix}, \begin{pmatrix} 1 & 2 & 3 \\ 1 & 3 & 2 \end{pmatrix}, \begin{pmatrix} 1 & 2 & 3 \\ 2 & 1 & 3 \end{pmatrix}, \begin{pmatrix} 1 & 2 & 3 \\ 2 & 3 & 1 \end{pmatrix}, \begin{pmatrix} 1 & 2 & 3 \\ 3 & 1 & 2 \end{pmatrix}, \begin{pmatrix} 1 & 2 & 3 \\ 3 & 2 & 1 \end{pmatrix}$$

가 된다. 이 중에서 $f = \begin{pmatrix} 1 & 2 & 3 \\ 1 & 2 & 3 \end{pmatrix}$은 평문과 같으므로 암호문이 되지 않는다. 따라서 주기가 3인 경우 가능한 치환암호는 $3!-1=5$가지이다.

같은 방법으로 주기가 4이라면 치환은 $4!=24$가지인데 이 중에서

$f = \begin{pmatrix} 1 & 2 & 3 & 4 \\ 1 & 2 & 3 & 4 \end{pmatrix}$은 평문과 같으므로 암호문이 되지 않는다. 따라서 주기가 4인 경우 가능한 치환암호는 4! − 1 = 23가지이다.

그리고 주기가 5인 경우 가능한 치환암호는 5! − 1 = 119가지, 주기가 6인 경우 가능한 치환암호는 6! − 1 = 719가지, 주기가 7인 경우 가능한 치환암호는 7! − 1 = 5,039가지 마지막으로 주기가 8인 경우 가능한 치환암호는 8! − 1 = 40,319가지가 된다. 그러므로 주어진 평문 'I LOVE YOU'로 만들 수 있는 치환암호의 수는

$$(2!-1)+(3!-1)+(4!-1)+\cdots+(8!-1)$$
$$=1+5+23+119+719+5039+40319=46,225\text{개}$$

가 된다.

그러면 26개 각각의 알파벳을 다른 알파벳으로 일대일대응시켜서 만드는 암호인 단순대입암호는 만들 수 있는 암호의 개수가 얼마나 될까?

먼저 $\{A, B, C, \cdots, Z\}$에서 $\{A, B, C, \cdots, Z\}$으로의 일대일대응함수를 구해보자. 우선 A를 26개의 알파벳 중의 하나로 바꾸고, B는 A가 변환된 알파벳을 제외한 나머지 25개의 알파벳 중의 하나로 바꿀 수 있다. 이런 식으로 계속하여 26개 각각의 알파벳을 다른 알파벳으로 바꾸는 방법의 수는 26!개다.

모든 알파벳을 그대로 유지시키는 경우가 포함되기 때문에 이 한 가지 경우를 제외하면 26개 각각의 알파벳을 다른 알파벳으로 일대일대응시켜서 만들 수 있는 단순대입암호의 개수는

$$26! - 1 = 403{,}291{,}461{,}126{,}605{,}635{,}583{,}999{,}999\text{개}$$

가 된다.

이처럼 단순대입암호의 방법의 수는 많지만, 영어에서 각 알파벳이 사용되는 빈도가 달라서 쉽게 해독될 가능성이 있다. 영어에서 26개의 알파벳이 동등하게 사용된다면 그 사용 빈도는 $\frac{1}{26}$, 약 3.8%가 되어야 한다. 그러나 영어 문장들을 분석하여 알파벳의 사용 빈도를 조사한 결과는 다음과 같이 편중되어 있다.

(단위: %)

A	B	C	D	E	F	G	H	I	J	K	L	M
8.2	1.5	2.8	4.3	12.7	2.2	2.0	6.1	7.0	0.2	0.8	4.0	2.4
N	O	P	Q	R	S	T	U	V	W	X	Y	Z
6.7	7.5	1.9	0.1	6.0	6.3	9.1	2.8	1.0	2.4	0.2	2.0	0.1

이 조사에 따르면, E의 사용 빈도는 10%를 넘고, J, K, Q, X, Z의 사용 빈도는 1%에도 미치지 못한다. 평문에서 나타난 알파벳의 빈도는 암호문에서의 알파벳 빈도와 일치하기 때문에, 암호문에서 빈번하게 혹은 희박하게 사용된 알파벳을 분석함으로써 단순대입암호를 해독할 수 있다. 다음의 단순대입암호를 해독해보자.

예제 6.20 대입암호로 암호문이 다음과 같을 때 암호문을 해독해보아라.

```
BRYH DRL R ITEEIA IRBS TEF CIAAXA NRF NDTEA RF
FGKN RGL AOAYHNDAYA EDRE BRYH NAGE EDA IRBS NRF
FMYA EK ZK TE CKIIKNAL DAY EK FXDKKI KGA LRH
NDTXD NRF RZRTGFE EDA YMIAF
```

[풀이]

문자의 도수를 구해보면 다음과 같다.

A	B	C	D	E	F	G	H	I	J	K	L	M
17	4	2	10	13	10	5	3	9	1	9	4	2
N	O	P	Q	R	S	T	U	V	W	X	Y	Z
9	1	0	0	15	2	6	0	0	0	3	6	2

빈도가 많은 순서대로 나열하면 A, R, E, D 또는 F, I 또는 K 또는 N 이다.

① 1문자 단어 R로부터 R은 A 또는 I이다.
② 영어에서 가장 많이 나오는 세 문자 단어는 AND 또는 THE이므로 EDA는 AND 또는 THE일 가능성이 크다. 그러나 암호문에서 E와 A의 빈도가 크므로 EDA는 THE일 가능성이 크다.

EDA는 THE이고 R이 A라고 가정하면 암호문은

```
BAYH HAL A ITTTIE IABS TTF CIEEXE NAF NHTTE AF FGKN
AGL EOEYHNHEYE THAT BAYH NEGT THE IABS NAF FMYE TK
ZK TT CKIIKNEL HEY TK FXHKKI KGE LAH NHTXH NAF
AZATGFT THE YMIEF
```

로 바뀔 수 있다.

이 방법을 계속하면 암호문을 해독할 수 있다.

6.8 동음이의 대입암호와 다표식 대입암호

6.8.1 동음이의 대입암호

단순대입암호(simple substitution cipher)는 평문과 암호문의 각 문자가 일대일로 대응하는 암호화 함수가 전단사 함수인 암호 시스템이다. 평문에서 나타난 각 문자의 빈도는 대치된 암호문의 문자 빈도와 일치하기 때문에 주어진 암호문에서 사용한 각 문자의 빈도와 이미 조사된 평문의 각 문자의 빈도를 비교하면 암호문은 쉽게 해독될 수 있다. 이처럼 평문에서의 각 문자의 빈도가 암호문에 그대로 반영되는 단순대입암호의 단점을 보완하기 위해 평문의 각 문자에 여러 개의 문자를 대응하게 함으로써 각 문자의 빈도를 비슷하게 만든 암호가 바로 동음이의 대입암호이다.

▶예제 6.21 동음이의 대입암호

암호화 함수 $E : \{A, B, C, \cdots, Z\} \to \{0, 1, 2, 3, \cdots, 99\}$가 다음과 같이 정의되었다고 하자.

$$E(x) = \begin{cases} 3x & : x \neq E, A, R, T \\ 17, 19, 23, 47, 64 & : x = E \\ 08, 20, 25, 49 & : x = A \\ 01, 29, 65 & : x = R \\ 16, 31, 85 & : x = T \end{cases}$$

평문 'HEAVEN HELPS THOSE WHO HELP THEMSELVES'를 암호화하여라.

H	E	A	V	E	N	H	E	L	P	S	T	H	O	S	E	W	H	O
7	4	0	21	4	13	7	4	11	15	18	19	7	14	18	4	22	7	14
21	17	08	63	19	39	21	23	33	45	54	16	21	42	54	47	66	21	42

H	E	L	P	T	H	E	M	S	E	L	V	E	S
7	4	11	15	19	7	4	12	18	4	11	21	4	18
21	64	33	45	31	21	17	36	54	19	33	63	23	54

따라서 암호문은
21 17 08 63 19 39 21 23 33 45 54 16 21 42 54 47 66 21 42
21 64 33 45 31 21 17 36 54 19 33 63 23 54
이다.

6.8.2 다표식 대입암호

단순대입암호에서는 평문과 암호문 간의 단일 사상을 사용하기 때문에 평문의 단일문자에 대한 빈도가 그대로 암호문에 반영된다. 따라서 암호분석가에 의한 빈도분석을 어렵게 만들기 위해서는 암호문에 나타나는 문자들의 빈도를 거의 균등하게 만드는 암호를 이용하여야 한다.

다표식 대입암호(polyalphabetic cipher)는 문자들의 발생빈도를 균등하게 하기 위해 평문과 암호문 사이의 여러 개의 대응함수가 있는 암호를 말한다. 다표식 대입암호의 예로서 Vigenere 암호, Beaufort 암호, Running key 암호, One-time pad 암호, Vernam One-time pad 암호 등이 있다.

1) Vigenere 암호

16세기 프랑스 암호학자 Blaise de Vigenere에 의해 만들어졌다. Vigenere 암호에서는 d의 주기를 가지고 Caesar 방식의 암호가 적용된다. 즉, $k = k_1, k_2, \cdots, k_d$를 비밀키라 할 때 각각의 k_i는 0에서 25까지의 정수를 나타낸다. Vigenere 암호를 이용한 암호화는 $f_i(m) \equiv m + k_i \bmod 26$ ($i = 1, 2, 3, \cdots, d$)을 통해 이루어진다.

예제 6.22 다음 평문의 Vigenere 암호문을 구하여라.

평문 : NOTEBOOK
암호화 키 : $k = 2, 4, 3, 5$

[풀이]

암호화 키가 $k = 2, 4, 3, 5$이므로 주기는 4이며 네 개의 암호함수는 다음과 같다.

$$f_1(x) \equiv x+2 \mod 26$$
$$f_2(x) \equiv x+4 \mod 26$$
$$f_3(x) \equiv x+3 \mod 26$$
$$f_4(x) \equiv x+5 \mod 26$$

평문	N	O	T	E	B	O	O	K
	13	14	19	4	1	14	14	10
열쇠	2	4	3	5	2	4	3	5
암호문	15	18	22	9	3	18	17	15
	P	S	W	J	D	S	R	P

따라서 Vigenere 암호문은 PSWJDSRP이다.

>>예제 **6.23** 다음 평문의 Vigenere 암호문을 구하여라.

평문 : POLYALPHABETIC
암호화 키 : VENUS

[풀이]

암호화 키가 VENUS이므로 주기는 5이며 다섯 개의 암호함수는 다음과 같다.

$$f_1(x) \equiv x+21 \mod 26$$
$$f_2(x) \equiv x+4 \mod 26$$
$$f_3(x) \equiv x+13 \mod 26$$
$$f_4(x) \equiv x+20 \mod 26$$
$$f_5(x) \equiv x+18 \mod 26$$

평문	P	O	L	Y	A	L	P	H	A	B	E	T	I	C
	15	14	11	24	0	11	15	7	0	1	4	19	8	2
키	V	E	N	U	S	V	E	N	U	S	V	E	N	U
	21	4	13	20	18	21	4	13	20	18	21	4	13	20
암호문	10	18	24	18	18	6	19	20	20	19	25	23	21	22
	K	S	Y	S	S	G	T	U	U	T	Z	X	V	W

그러므로 암호문은 KSYSSGTUUTZXVW이다.

이 암호를 복호하려면 아래의 복호화 함수를 사용하면 된다. 복호화 함수는 다음과 같다.

$$f_1(x) \equiv x - 21 \mod 26$$
$$f_2(x) \equiv x - 4 \mod 26$$
$$f_3(x) \equiv x - 13 \mod 26$$
$$f_4(x) \equiv x - 20 \mod 26$$
$$f_5(x) \equiv x - 18 \mod 26$$

암호문	K	S	Y	S	S	G	T	U	U	T	Z	X	V	W
	10	18	24	18	18	6	19	20	20	19	25	23	21	22
열쇠	V	E	N	U	S	V	E	N	U	S	V	E	N	U
	21	4	13	20	18	21	4	13	20	18	21	4	13	20
평문	15	14	11	24	0	11	15	7	0	1	4	19	8	2
	P	O	L	Y	A	L	P	H	A	B	E	T	I	C

2) One-time pad 암호

One-time pad 암호는 키의 주기, 평문의 길이, 암호문의 길이가 같은 크기를 가지는 암호를 말한다.

> **예제** 6.24 평문이 HELLO이고 열쇠가 PCABD일 때 One-time pad 암호를 구하여라.

평문	H	E	L	L	O
	7	4	11	11	14
키	P	C	A	B	D
	15	2	0	1	3
암호문	22	6	11	12	17
	W	G	L	M	R

따라서 암호문은 'WGLMR'이다.

정의

Vernam One-time pad 암호는 평문과 암호문이 이진수열로 대응되고 열쇠가 유사 임의 이진수열(또는 이진 난수)인 암호를 말한다. 즉, p_i, c_i, k_i가 각각 평문 비트, 암호문 비트, 키 비트이면 암호는 $c_i \equiv p_i + k_i \mod 2$이고 이 암호의 복호는 $p_i \equiv c_i + k_i \mod 2$이다.

>**예제** 6.25 평문이 011010011이고 암호화 키가 110101001일 때 Vernam One-time pad 암호를 구하여라.

---[풀이]---

평문	0	1	1	0	1	0	0	1	1
키	1	1	0	1	0	1	0	0	1
암호문	1	0	1	1	1	1	0	1	0

따라서 암호문은 '101111010'이다.

여기서 암호문 '101111010'에 같은 키를 더하면 평문을 얻을 수 있다.

암호문	1	0	1	1	1	1	0	1	0
키	1	1	0	1	0	1	0	0	1
평문	0	1	1	0	1	0	0	1	1

3) Playfair 암호

Playfair 암호는 1854년 영국인 플레이페어(L. Playfair)의 이름을 따서 명명된 두 문자 대입암호로서 휘트스톤(C. Wheatstone)이 개발하여, 제1차 세계대전 당시 상용된 암호이다. 알파벳에서 문자 J는 이용하지 않고 J와 I는 동일시하여 25개의 문자를 5차 정방행렬로 줌으로써 암호화 키 및 복호화 키로 사용하였다.

Playfair 암호의 원칙

2문자씩 블록화한 평문 $m_1 m_2$를 암호문 $c_1 c_2$로 만드는 데 다음의 원칙을 적용한다.

① m_1과 m_2가 같은 행에 있으면 c_1과 c_2는 같은 행의 각각의 오른쪽에 있는 문자로 암호화한다(첫 열은 끝 열의 오른쪽에 있는 것으로 약속한다).

② m_1과 m_2가 같은 열에 있으면 c_1과 c_2는 같은 열의 각각의 아래에 있는 문자로 암호화한다(첫 행은 끝 행의 아래에 있는 것으로 약속한다).

③ m_1과 m_2가 각각 다른 행과 다른 열에 있으면 c_1과 c_2는 m_1과 m_2로 만들어지는 직사각형의 꼭짓점으로 각각 m_1과 m_2와 같은 행에 있는 문자로 암호화한다.

④ $m_1 = m_2$이면 중복을 피하기 위하여 적당한 문자(X)를 넣고 ①, ②와 ③에 따른다.

⑤ 평문이 홀수 개의 문자로 되어 있으면 끝에 적당한 문자(X)를 넣는다.

H	A	R	P	S
I	C	O	D	B
E	F	G	K	L
M	N	Q	T	U
V	W	X	Y	Z

Playfair 암호의 키

▶예제◀ **6.26** 평문이 'RENAISSANCE'일 때 Playfair 암호를 구하여라.

[풀이]

먼저 평문을 두 문자 단위로 나눈다.

RE NA IS SA NC EX

RE는 Playfair 암호의 원칙 ③에 의해 HG로 암호화된다.
NA는 Playfair 암호의 원칙 ②에 의해 WC로 암호화된다.
IS는 Playfair 암호의 원칙 ③에 의해 BH로 암호화된다.
SA는 Playfair 암호의 원칙 ①에 의해 HR로 암호화된다.
NC는 Playfair 암호의 원칙 ②에 의해 WF로 암호화된다.
EX는 Playfair 암호의 원칙 ③에 의해 GV로 암호화된다.

따라서 암호문은 'HG WC BH HR WF GV'가 된다.

6장 연습문제

1. 다음의 전치암호문을 복호하여라.

① 암호문 : "꿈한다돕을것면지위도하않해하늘을서지도것어앉그이떠는를다."

② 암호문 : "오을람을랫그만닮동려이아안온그간꿈사꿈다."

③ 암호문 : HENTEIDTLAEAPMRCMUAK.

2. $f = \begin{pmatrix} 1 & 2 & 3 & 4 \\ 2 & 4 & 1 & 3 \end{pmatrix}$ 일 때 다음 평문의 치환암호문을 구하여라.

① 평문 : THE DIE IS CAST.

② 평문 : I CAN DO EVERYTHING THROUGH HIM.

3. 치환을 이용하여 다음의 암호문을 복호하여라.

암호문 : 을떨에가지낙는어은디어엽가가는로.

4. 다음 시저암호문을 복호하여라.

① 암호문 : QHYHUWUXVWEUXWXV.

② 암호문 : O RUBK SGZNKSGZOIY.

5. 다음 암호문 AGAX GVXF FAGG GVVV XAXX DGVG VGXA 〈ADFGVX 표〉를 이용하여 복호화하여라.

6. 암호화 키가 다음과 같이 주어졌을 때 다음 평문의 Vigenere 암호문을 구하여라.

① 평문 : TO BE OR NOT TO BE THAT IS THE QUESTION.
   암호화 키 : $k = 1, 2, 3, 4, 5$.
② 평문 : KNOWLEDGE IS POWER.
   암호화 키 : BAND.

7. Playfair 암호문 ILQYGHFSMKMPCWMFHMOR을 복호화하여라.

제7장

생활 속 확률 이야기

7.1 생활 속의 통계

사람들은 결과를 미리 알 수 있는 과학실험과는 달리 현재 관심을 두고 있는 문제와 미래의 결과에 대해 더 궁금해한다. 어떤 문제에 대해 예측과 전망을 하기 위해서 기본적으로 데이터가 필요하다. 예를 들어 기간별 날씨를 예측하기 위해서는 우리나라 주변의 기상상태와 변화에 대한 데이터가, 스포츠에서 감독이 새로운 작전을 지시하기 위해서는 선수들의 기량을 나타내는 데이터가 필요하다. 그리고 선거 결과를 잘 예측하기 위해서는 여론조사 또는 설문조사를 이용할 것이다. 이와 같이 수집한 데이터를 이용해 예측과 전망을 하기 위해서는 데이터가 가지고 있는 정보를 파악할 수 있도록 나타내는 것이 필요한데 이것이 바로 통계이다. 통계란 일상생활이나 여러 가지 현상에 대한 자료를 한눈에 알아보기 쉽게 일정한 체계를 따라 숫자로 나타낸 것을 말하는데, 통계는 현대인의 의사전달 수단의 언어라고 할 수 있을 정도로 우리 생활에 깊숙이 침투해있다. 그러나 잘못된 통계 결과를 마치 사실인 것처럼 사용되는 경우도 적지 않다. 다음의 예들을 살펴보자.

▶예제 7.1 연애 결혼과 중매 결혼을 한 부부 가운데 어느 쪽이 이혼율이 높은지를 알아보기 위해 가정법원에 이혼 신고를 한 부부 가운데 임의로 100쌍을 뽑아 어떻게 결혼하게 되었는지를 조사하였더니 이혼한 부부 100쌍 중에서 연애 결혼한 부부는 70쌍, 중매 결혼한 부부는 30쌍이었다. 이것으로부터 연애 결혼한 부부의 이혼율이 중매 결혼한 부부의 이혼율보다 높다고 결론을 내리는 것이 합당할까?

[풀이]

연애 결혼한 부부의 이혼율이 높다고 바로 결론을 내리는 것은 무리가 있다.

예를 들어 우리나라 전체 부부 1,000쌍의 결혼 형태 비율이 연애 결혼이 80%, 중매 결혼이 20%라면

구분		이혼 부부의 분포		
		이혼	비 이혼	계
결혼 형태	연애 결혼	70쌍	730쌍	800쌍
	중매 결혼	30쌍	170쌍	200쌍
	계	100쌍	900쌍	1,000쌍

연애 결혼한 부부의 이혼율은 $\frac{70}{800} = 0.0875$이고 중매 결혼한 부부의 이혼율은 $\frac{30}{200} = 0.15$이다. 즉, 전체 부부에 대해서는 연애 결혼의 이혼율이 중매 결혼의 이혼율보다 낮다. 따라서 통계자료를 해석할 경우에는 전체 모집단에 대한 정보를 토대로 결론을 내리는 것이 타당하다.

정의 모집단과 표본

통계적 추론은 모집단과 표본에서 출발한다.

① 모집단은 연구 대상이 되는 모든 개체의 관측치나 특성값들의 집합,
② 표본은 모집단의 특성을 파악하기 위해서 추출된 모집단의 일부를 말한다.

> **예**
>
> A라는 회사에서 생산하고 있는 화장품에 대한 인식도를 전국의 20대에서 60대 여성을 대상으로 4,000명을 추출하여 설문지를 통하여 조사한다고 하자. 전국의 20대에서 60대까지 모든 여성이 모집단이 되며 이 모집단에서 추출된 4,000명이 표본이 된다.

▶ **예제 7.2** 1936년 미국의 대통령 선거를 앞두고 대중 잡지인 리터러리 다이제스트(Literary Digest)와 여론 조사기관 갤럽(Gallup)은 각각 설문조사를 실시했다. 리터러리 다이제스트는 1,000만 명에게 우편으로 설문지를 보냈고 그중 240만 명에게서 받은 분석 결과를 토대로 공화당 알프레드 랜던(Alfred Landon) 후보의 당선을 예측했다.

반면 갤럽은 1,500명을 대상으로 면접 조사를 시행하여 민주당 프랭클린 루스벨트(Franklin Roosevelt) 후보가 56%의 지지율로 당선할 것이라고 발표했다. 결과는 갤럽의 예측대로 루스벨트가 62%라는 압도적인 지지를 받으며 대통령에 당선되었다. 그러면 왜 리터러리 다이제스트는 갤럽보다 1,600배나 많은 엄청난 표본을 대상으로 조사를 했는데도 불구하고 당선 예측에 실패했을까? 갤럽과 리터러리 다이제스트의 조사 차이는 무엇이었을까?

그것은 리터러리 다이제스트 잡지사는 조사를 위한 표본을 잡지의 정기구독자, 전화번호부, 자동차 등록명부, 사교클럽 인명부 등에서 임의로 뽑았다. 1936년 당시 잡지를 구독하는 대부분 사람은 중산층이었고, 그해 소득이 낮은 유권자들은 민주당을, 소득이 높은 유권자들은 공화당을 선호했기에 공화당 알프레드 랜던(Alfred Landon) 후보 지지는 당연한 결과일 것이다. 이것은 왜곡된 표본추출이 어떤 결과를 초래하는지 보여주는 대표적인 사례이다.

7.2 확률의 정의와 연산

확률은 수학의 한 분야지만 일상생활과 밀접하게 연관되어 있다. 아침에 일기예보를 보며 그날의 강수확률을 미리 알아보고 우산을 가지고 나갈지 말지를 판단하거나, 가위바위보로 승부 내기를 할 때 이길 가능성을 예측해본다거나, 혹은 마트에서 진행하는 추첨 행사에 당첨이 될 확률, 내가 산 복권이 당첨될 확률은 어느 정도일까 등등 확률은 우리의 일상생활 속에 깊이 자리 잡고 있다.

실제로 확률은 원래 도박에서 이기는 방법을 연구하면서 발전했다. 17세기, 도박을 좋아하던 프랑스의 귀족 슈발리에 드 메레가 친구인 수학자 파스칼에게 주사위를 사용한 내기 문제를 풀어달라고 부탁한 것이 계기가 되어 확률론이 크게 발전한 것으로 알려져 있다.

그러면 확률이란 무엇일까? 확률을 정의하기 전에 확률과 관련된 기본적인 개념 정의가 필요하다.

정의 표본공간, 표본점, 사건(사상)

① 표본공간(Sample Space)이란 통계적 실험에서 나타날 수 있는 모든 결과의 집합으로 상태를 나타내는 공간이다. 보통 S로 표기한다.
② 표본점은 표본공간을 구성하는 원소를 말한다.
③ 사건 혹은 사상(Event)은 표본의 모임 또는 표본공간의 부분집합을 말한다.

> **정의 확률**
>
> S를 이상적(즉 모든 표본의 발생 정도가 같다)인 표본공간이라고 할 때 S에서 사건 A의 확률 $P(A)$은 $P(A) = \dfrac{n(A)}{n(S)}$로 정의된다.
> 여기서 $n(A)$는 사건 A가 일어날 경우의 수이고 $n(S)$는 가능한 사건의 총횟수이다.

▶▶**예제** 7.3 번호 1, 2, 3이 표시된 세 개의 공이 들어있는 주머니에서 한 개의 공을 꺼낸다고 하자. 공의 위치를 랜덤화하기 위해 주머니를 흔든 후 한 개의 공을 선택한다고 하자. 홀수 번호의 공이 선택될 사건 E의 확률을 구하여라.

[풀이]

이 실험에서 표본공간은 $S = \{1, 2, 3\}$이고 홀수 번호의 공이 선택될 사건은 $E = \{1, 3\}$이므로 사건 E의 확률은 $P(E) = \dfrac{n(E)}{n(S)} = \dfrac{2}{3}$가 된다.

▶▶**예제** 7.4 주사위 2개를 던지는 정상적인 시행에서 주사위 눈금의 합이 9가 되는 사건 E의 확률을 구하여라.

[풀이]

같은 방법으로 풀면 된다.

7.3 확률의 계산 – 여사건의 확률

확률의 공리

S를 표본공간, 즉 전체 사건이라 하면

① $P(S) = 1$
② 임의의 사건 A에 대해 $0 \leq P(A) \leq 1$
③ A, B가 배반사건, 즉 $A \cap B = \varnothing$이면
$$P(A \cup B) = P(A) + P(B)$$
④ $A_1, A_2, \cdots$ 가 서로소인 사건이면 $P(\cup_{k=1}^{\infty} A_k) = \sum_{k=1}^{\infty} P(A_k)$

정리 7.1

표본공간 S에 대해 다음이 성립한다.

① $P(\varnothing) = 0$
② A^c이 사건 A의 여사건이면 $P(A^c) = 1 - P(A)$ (여사건의 확률)
③ 임의의 사건 A, B에 대해 $P(A \cup B) = P(A) + P(B) - P(A \cap B)$
 (확률의 덧셈정리)

[증명]

② 확률의 합계는 항상 1이 되므로 어떤 사건 A가 발생할 확률과 A가 발생하지 않을 확률의 합은 1이 된다. 다시 말해서 어떤 사건 A가 발생할 확률은 1에서 A가 발생하지 않을 확률을 빼면 된다. 즉, 사건 A의 여사건 A^c이 발생할 확률은 $P(A^c) = 1 - P(A)$가 된다.

▶예제 **7.5** 한 개의 공정한 주사위를 던질 때 1이 나오지 않을 확률은 얼마인가?

―[풀이]―

A를 주사위를 한 번 던질 때 1이 나올 사건이라 하면
1이 나오지 않을 확률은 $P(A^c) = 1 - P(A) = 1 - \dfrac{1}{6} = \dfrac{5}{6}$이다.

▶예제 **7.6** 사지선다형 문제가 총 10개 있다. 모든 문제를 찍는다고 할 때, 적어도 1개는 정답일 확률은 어느 정도일까?

―[풀이]―

적어도 1개 문제가 정답일 확률은 1에서 10개의 문제 모두 틀릴 확률을 빼면 된다. 모두 10개의 문제 모두 틀릴 확률은 $\left(\dfrac{3}{4}\right)^{10}$이므로 적어도 1개 문제를 맞힐 확률은 $1 - \left(\dfrac{3}{4}\right)^{10} \approx 0.9437$가 된다.

즉, 보기가 넷인 문제 10개를 모두 찍어서 답한다고 하더라도 약 94.37%의 확률로 적어도 한 문제는 정답임을 알 수 있다.

어떤 집단에서 생일이 같은 사람이 있을 확률은 얼마나 될까?

▶**예제** **7.7** 어떤 집단의 회원이 25명이라고 한다. 회원 25명 중에서 생일이 같은 사람이 있을 확률은 어느 정도일까?

─**[풀이]**─

어떤 집단 내에 생일이 똑같은 사람이 적어도 한 쌍 있을 확률은 1에서 집단 구성원들의 생일이 모두 다를 확률을 빼면 된다.

먼저 이 25명 중에서 첫 번째 회원은 365일 중 어느 날이 생일이어도 상관없으며 이것을 확률로 나타내면 $\frac{365}{365}=1$, 다음으로 두 번째 회원은 첫 번째 회원과 생일이 달라야 하므로 364일 중 어느 날이 생일이어야 한다. 즉, 이 두 회원의 생일이 다를 확률은 $1 \times \frac{364}{365} = \frac{364}{365}$이다.

세 번째 회원의 생일은 앞선 두 명의 생일을 제외한 363일 중에서 하나이어야 한다. 그러므로 세 사람의 생일이 모두 다를 확률은 $1 \times \frac{364}{365} \times \frac{363}{365}$가 된다.

이 방법을 계속하여 25명 모두 생일이 다를 확률을 구하면 $1 \times \frac{364}{365} \times \frac{363}{365} \times \cdots \times \frac{341}{365} \approx 0.4313$가 된다. 따라서 회원 25명 중에 적어도 1쌍 이상이 생일이 같은 사람이 있을 확률은 $1 - \left(1 \times \frac{364}{365} \times \frac{363}{365} \times \cdots \times \frac{341}{365}\right) \approx 1 - 0.4313 = 0.5687$가 된다. 즉, 56.87%의 확률로 생일이 서로 같은 사람이 적어도 한 쌍이 있다.

▶예제 **7.8** 어느 대학 한 교양과목의 수강생이 총 25명이라고 한다. 담당 교수가 학생을 무작위로 10회 지명한다고 할 때 수강생 중 2회 이상 지명될 학생이 있을 확률은 어느 정도일까?

──[풀이]────────────────────────

한 학생이 2회 이상 지명될 확률은 1에서 10회 모두 다른 학생이 지명될 확률을 빼면 된다.

처음에 누군가가 지명될 확률은 $\frac{25}{25}=1$이다. 두 번째에서 다른 학생이 지명될 확률은 처음 지명된 학생을 제외해야 하므로 확률은 $\frac{24}{25}$이다. 같은 방법으로 세 번째에서 다른 학생이 지명될 확률은 지명된 두 학생을 제외해야 하므로 확률은 $\frac{23}{25}$이다.

이 방법을 계속하면 10회 모두 다른 학생이 지명될 확률은 $1 \times \frac{24}{25} \times \frac{23}{25} \times \cdots \times \frac{16}{25} \approx 0.1244$가 된다. 그러므로 한 학생이 2회 이상 지명될 확률은 $1 - \left(1 \times \frac{24}{25} \times \frac{23}{25} \times \cdots \times \frac{16}{25}\right) \approx (1 - 0.1244) = 0.8756$ (87.56%)가 된다.

7.4 확률의 계산 - 확률의 덧셈정리

> **확률의 덧셈정리**
>
> 사상 A, B 중 적어도 하나가 일어날 확률은
>
> $$P(A \cup B) = P(A) + P(B) - P(A \cap B)$$
>
> 가 된다.
>
> 이때 A, B가 배반이면 $P(A \cap B) = \emptyset$이므로
>
> $$P(A \cup B) = P(A) + P(B).$$

▶예제 **7.9** 주사위를 한 번 던질 때 2의 배수 또는 3의 배수가 나올 확률을 구하여라.

[풀이]

A를 주사위를 한 번 던질 때 2의 배수가 나올 사건, B를 주사위를 한 번 던질 때 3의 배수가 나올 사건이라 하면 주사위를 한 번 던질 때 2의 배수 또는 3의 배수가 나올 확률은

$$P(A \cup B) = P(A) + P(B) - P(A \cap B) = \frac{3}{6} + \frac{2}{6} - \frac{1}{6} = \frac{2}{3} \text{이다.}$$

>**예제** 7.10 어느 고등학교 3학년의 한 학급 50명의 학생 중에서 A 대학에 지원한 학생은 25명, B 대학에 지원한 학생 수는 35명이며 A 대학과 B 대학에 모두 지원한 학생 수는 15명이다. 한 학생이 A 대학 또는 B 대학에 지원할 확률을 구하여라.

[풀이]

한 학생이 A 대학에 지원할 확률은 $P(A) = \dfrac{25}{50}$ 이고 B 대학에 지원할 확률은 $P(B) = \dfrac{35}{50}$ 이며 그리고 A 대학과 B 대학에 동시에 지원할 확률은 $P(A \cap B) = \dfrac{15}{50}$ 이다.

따라서 A 대학 또는 B 대학에 지원할 확률은 $P(A \cup B) = P(A) + P(B) - P(A \cap B) = \dfrac{25}{50} + \dfrac{35}{50} - \dfrac{15}{50} = \dfrac{45}{50} = \dfrac{9}{10}$ 가 된다.

7.5 확률의 계산 - 조건부확률

정의 조건부확률

사상 A, B에 대해 사상 B가 발생한다는 전제하에서 사상 A가 발생할 확률은 다음과 같이 정의된다.

$$P(A|B) = \frac{P(A \cap B)}{P(B)}, \quad P(B) > 0$$

7.5 확률의 계산 – 조건부확률

>>예제>> **7.11** 다음과 같은 사망원인 통계를 기초로 하여 담배를 피우던 어떤 사람의 사망원인이 암 질환이었을 확률을 구하여라.

구분	암 질환	암 이외의 질환	합계
담배를 피우는 사람	360	250	610
담배를 피우지 않는 사람	240	150	390
합계	600	400	1,000

[풀이]

어떤 사람의 사망원인이 암 질환일 사상을 A, 어떤 사람의 사망원인이 흡연일 사상을 B라 하자. 담배를 피우던 어떤 사람의 사망원인이 암 질환이었을 확률은 $P(A|B) = \dfrac{P(A \cap B)}{P(B)} = \dfrac{\frac{360}{1000}}{\frac{610}{1000}} = \dfrac{36}{61}$ 가 된다.

곱셈공식

$P(A) > 0$, $P(B) > 0$이면

$$P(A \cap B) = P(A) \times P(B|A) = P(B) \times P(A|B).$$

여기서

$P(B|A)$: 사상 A가 발생한 전제하에서 사상 B가 발생한 확률

▶예제 **7.12** 한 주머니에 흰 돌 6개와 검은 돌 4개가 있다. 한 개씩 두 개 집어낼 때 첫 번째는 흰 돌, 두 번째는 검은 돌이 나올 확률을 구하여라.

─ [풀이] ─

첫 번째 집어낸 돌이 흰 돌일 사상을 A, 두 번째 집어낸 돌이 검은 돌일 사상을 B라고 하면

$$P(A \cap B) = P(A)P(B|A) = \frac{6}{10} \times \frac{4}{9} = \frac{4}{15}.$$

▶예제 **7.13** 52장의 카드 한 벌에서 한 장씩 카드 두 장을 꺼내기로 하자. 꺼낸 카드는 다시 넣지 않을 경우 꺼낸 두 장의 카드가 모두 에이스일 확률은 얼마일까?

─ [풀이] ─

A를 첫 번째 카드가 에이스일 사건이라 하고 B를 두 번째 카드가 에이스일 사건이라 하면 $P(A) = \frac{4}{52}$, $P(B|A) = \frac{3}{51}$이다.

따라서 꺼낸 두 장의 카드가 모두 에이스일 확률은

$$P(A \cap B) = P(B|A) \cdot P(A) = \frac{4}{52} \cdot \frac{3}{51} = \frac{1}{221}.$$

위 예제와 같이 한번 추출된 것을 다시 주머니에 넣지 않고 계속 추출하는 방법을 비복원추출, 한 번 추출한 후 되돌려 넣고 다시 추출하는 방법을 복원추출이라고 한다.

7.6 확률의 계산 - 독립사상

> **정의**
>
> 다른 사건의 발생확률에 전혀 영향을 미치지 않는 사건을 독립사건이라 한다. 즉, 두 사건 A, B가 독립사건이라는 것은 $P(B|A) = P(B|A^c) = P(B)$이고 $P(A|B) = P(A|B^c) = P(A)$일 때를 말한다.
> 그리고 A, B가 독립사건이 아닐 때 A, B를 종속사건이라고 한다.

> **정리 7.2**
>
> A, B가 독립사건이면 $P(A \cap B) = P(A) \times P(B)$가 된다.

[증명]

$$P(A \cap B) = P(A) \times P(B|A) = P(B) \times P(A|B) = P(A) \times P(B)$$

▶▶ 예제 **7.14** 한 개의 동전을 반복하여 여러 번 던지는 실험에서 동전이 첫 번째 앞면, 두 번째도 앞면이 나올 확률을 구하여라.

[풀이]

A를 동전을 던졌을 때 처음 앞면이 나오는 사건이라 하고 B를 동전을 던졌을 때 두 번째 앞면이 나오는 사건이라고 하면 A와 B는 독립이다. 그러므로 동전을 던졌을 때 처음에 앞면 두 번째도 앞면이 나올 확률은 $P(A \cap B) = P(A) \times P(B) = \dfrac{1}{2} \times \dfrac{1}{2} = \dfrac{1}{4}$이다.

▶예제 **7.15** 첫째가 딸, 둘째가 아들일 확률은 얼마나 될까?

[풀이]

같은 방법으로 풀면 된다.

▶예제 **7.16** 어느 부인이 몇 년 동안 만나보지 못했던 친구의 집을 방문하였다. 친구에게는 두 자녀가 있는데 그중 한 아이가 아들이라고 했을 때 나머지 다른 아이도 아들일 확률은 얼마일까?

[풀이]

자녀가 두 명 있으므로 가능한 경우는 형과 남동생, 오빠와 여동생, 누나와 남동생, 언니와 여동생 이렇게 네 가지인데, 두 명 중 한 명이 아들이라고 했으므로 형과 남동생, 오빠와 여동생, 누나와 남동생 셋 중 하나가 된다. 이 세 가지 중에서 나머지 한 명도 아들인 경우는 형과 남동생뿐이므로 나머지 한 명도 아들일 확률은 $\frac{1}{3}$이 된다.

7.7 생활 속의 확률

▶예제 **7.17** 쇼 프로그램의 무대 위에는 3개의 문이 있다. 3개의 문 중 1개의 문 뒤에는 승용차가, 나머지 2개의 문 뒤에는 염소가 있다. 출연자는 3개의 문중에서 하나를 선택하는데, 승용차가 있는 문을 선택하면 승용차를 경품으로 받지만, 염소가 있는 문을 선택하면 아무것도 받지 못한다. A, B, C 3개의 문 중에서 출연자가 문 A를 선택하였다고 하자. 문 B와 문 C 중 적어도 하나의 문 뒤에는 염소가 있다. 어느 문 뒤에 염소와 승용차가 있는지 이미 알고 있는 진행자는 염소가 있는 문을 열어 출연자에게 보여주고 처음 선택을 유지할 것인지 아니면 바꿀 것인지 묻는다. 이때 출연자는 어떻게 하는 것이 더 유리할까?

[풀이]

예측되는 상황을 표로 나타내면 3개의 문 중에서 하나의 문 뒤에 승용차가, 나머지 2개의 문 뒤에 염소가 있는 경우는 다음과 같이 세 가지이다. 출연자가 문 A를 선택하고 그 선택을 고수했을 경우 경품 당첨 확률은 $\frac{1}{3}$ 이다.

문 A	문 B	문 C	처음에 선택한 문 A를 고수했을 때의 결과
승용차	염소	염소	경품 당첨
염소	승용차	염소	꽝
염소	염소	승용차	꽝

그러면 출연자가 문 A를 선택한 상태에서 진행자가 문 B나 문 C 중 염소가 있는 문을 열어 보여주었을 때 출연자는 또 다른 문으로 선택을 바꾸게 된 경우 다음 표에서 보듯이 다른 문을 선택하게 되면 확률은 $\frac{2}{3}$로 높아진다.

문 A	문 B	문 C	진행자가 열어준 문	출연자의 선택	선택을 변경했을 때의 결과
승용차	염소	염소	문 B나 문 C	문 C나 문 B	꽝
염소	승용차	염소	문 C	문 B	경품 당첨
염소	염소	승용차	문 B	문 C	경품 당첨

위 문제는 몬티 홀 문제라고 하는데 미국의 유명한 TV 프로그램 '거래를 합시다(Let's make a deal)'에 나온 문제이며, 여기서 몬티 홀(Monty Hall)은 '거래를 합시다'의 사회자 이름이다.

▶예제◀ **7.18** 광복절 특사로 세 죄수 A, B, C 중 두 명이 특별 사면을 받을 예정이며 A의 친구인 교도관 D는 사면될 두 사람을 미리 알고 있다고 한다. 세 죄수의 사면받을 확률도 모두 같다고 한다. A는 D에게 자신을 제외한 B와 C 중 누가 사면되는지 그 한 명만을 물으려고 하다가 다음과 같은 이유로 묻지 않기로 하였다. A의 생각이 옳은지 판단하여라.

① 묻기 전에는 셋 중에서 둘이 사면되므로 A가 사면될 확률은 $\frac{2}{3}$이다.
② 물은 후에는 D가 말하지 않은 죄수와 A 둘 중에 한 사람이 사면되므로 A가 사면될 확률은 $\frac{1}{2}$로 줄어든다.

[풀이]

$_3C_2 = \dfrac{3!}{2!} = 3$가지, (A, B), (B, C), (A, C) 중 분명히 A가 사면될 확률은 3가지 중 2가지 경우이므로 $\dfrac{2}{3}$이다.

그러면 물은 후에 A가 사면될 확률을 구해보자. 사면되는 두 사람은 (A, B), (B, C) 또는 (A, C)이므로 (A, B)가 사면될 확률은 $\dfrac{1}{3}$이고 마찬가지로 (B, C) 또는 (A, C)가 사면될 확률도 각각 $\dfrac{1}{3}$이다.

사면되는 두 사람의 교도관의 대답에 따른 각 경우의 확률은

① A, B가 사면되고 D가 B로 답하는 경우: $\dfrac{1}{3} \times \dfrac{1}{1} = \dfrac{1}{3}$

② B, C가 사면되고 D가 C로 답하는 경우: $\dfrac{1}{3} \times \dfrac{1}{2} = \dfrac{1}{6}$

③ B, C가 사면되고 D가 B로 답하는 경우: $\dfrac{1}{3} \times \dfrac{1}{2} = \dfrac{1}{6}$

④ A, C가 사면되고 D가 C로 답하는 경우: $\dfrac{1}{3} \times \dfrac{1}{1} = \dfrac{1}{3}$

위 네 가지 중에서 A가 사면되는 경우는 ① 또는 ④이므로 A가 사면될 확률은 $\dfrac{1}{3} + \dfrac{1}{3} = \dfrac{2}{3}$로 묻기 전의 확률과 같다.

▶예제 **7.19** 세 배심원으로 구성된 어느 법정에서 모든 판단은 과반수로 결정된다고 한다. 세 배심원 중에서 신중하다고 소문난 두 배심원은 서로 독립적으로 판단하며 사안마다 그 판단이 옳을 확률은 둘 다 p이고 나머지 한 명의 경솔한 배심원은 항상 동전을 던져 판단한다. 이 법정에서 어떤 사안이 옳게 판정될 확률을 구하여 p와 비교하여라.

[풀이]

신중한 두 배심원을 각각 A, B라고 하고 경솔한 배심원을 C라고 하자. C는 동전을 던져 결정하므로 C가 옳게 판단할 확률은 $\frac{1}{2}$이다. 어떤 사안이 옳게 판정되려면 적어도 두 명이 옳게 판정해야 하므로 옳게 판정되는 경우와 그때의 확률을 나타내면

	A	B	C	확률
경우 1	○	○	○	$p \times p \times \frac{1}{2} = \frac{1}{2}p^2$
경우 2	○	○	X	$p \times p \times \frac{1}{2} = \frac{1}{2}p^2$
경우 3	○	X	○	$p \times (1-p) \times \frac{1}{2} = \frac{1}{2}p(1-p)$
경우 4	X	○	○	$(1-p) \times p \times \frac{1}{2} = \frac{1}{2}p(1-p)$

따라서 이 법정에서 어떤 사안이 옳게 판정할 확률은

$$\frac{1}{2}p^2 + \frac{1}{2}p^2 + \frac{1}{2}p(1-p) + \frac{1}{2}p(1-p) = p$$

로, 신중한 두 배심원이 옳게 판단할 확률과 같다.

▶**예제** 7.20 후보자가 A와 B인 어떤 선거에서 A는 1표, B는 5표 득표하였다. 한 표씩 개표할 때 개표 중간에 적어도 한번 A와 B가 같은 득표수가 나올 확률을 구하여라.

[풀이]

다음 표는 위 선거에서 차례로 한 표씩 개표할 때 나타나는 모든 경우와 각 경우 개표 도중의 동점 여부를 나타낸 표이다.

경우	개표 결과	동점 여부
1	ABBBBB	○
2	BABBBB	○
3	BBABBB	×
4	BBBABB	×
5	BBBBAB	×
6	BBBBBA	×

전체 6가지 경우 중 2가지 경우에 동점이 나타나므로 구하는 확률은 $\frac{2}{6} = \frac{1}{3}$ 이다.

경우	개표 결과	동점 여부
1	AABBB	○
2	ABABB	○
3	ABBAB	○
4	ABBBA	○
5	BAABB	○
6	BABAB	○
7	BABBA	○
8	BBAAB	○
9	BBABA	×
10	BBBAA	×

전체 10가지 경우 중 8가지 경우에 동점이 나타나므로 구하는 확률은 $\frac{8}{10} = \frac{4}{5}$ 이다.

생활 속에서 나타나는 좀 더 다양한 확률 문제를 살펴보기 위해 조합에 대해 알아보자.

정의 조합

$n, r(r \leq n)$이 음이 아닌 정수일 때 n개의 원소를 갖는 집합의 r-조합(combination)은 n개의 원소 중에서 r개 뽑아서 만든 부분집합을 말한다. 그리고 n개의 원소를 갖는 집합의 r-조합의 개수를 $_nC_r$로 표기한다.

Note

$$_nC_r = \frac{n!}{r!(n-r)!} \quad (\because)$$

서로 다른 n개에서 서로 다른 r개를 뽑아 일렬로 나열하는 방법의 수 x를 생각하자. 첫 번째에는 어느 것이라도 올 수 있으므로 n가지 경우가 있고 두 번째에는 첫 번째 온 것을 제외한 $n-1$가지 경우가 있다. 세 번째에는 첫 번째 두 번째 온 것을 제외한 $n-2$가지 경우가 있다. 일반적으로 i번째에는 첫 번째부터 $i-1$번째 온 것을 제외한 $n-i+1$가지 경우가 있다.

따라서 $x = n(n-1)(n-2)\cdots(n-r+1)$.

한편 서로 다른 n개에서 서로 다른 r개를 뽑는 방법의 수는 $_nC_r$이고, 뽑은 r개를 일렬로 나열하는 방법의 수는 $r!$이므로 $x = {_nC_r} \cdot r!$이다.

그러므로 $_nC_r = \dfrac{x}{r!} = \dfrac{n(n-1)(n-2)\cdots(n-r+1)}{r!} = \dfrac{n!}{r!(n-r)!}$이다.

▶예제 **7.21** 주머니에서 두 개의 흰 공과 두 개의 검은 공이 들어있다. 주머니 속에서 임의로 두 개의 공을 꺼낼 때 둘 다 흰 공일 확률을 구하여라.

─ [풀이] ─

네 개의 공에서 두 개를 뽑는 경우의 수는 $_4C_2 = \dfrac{4!}{2!2!} = 6$가지가 있고 둘 다 흰 공을 뽑는 경우의 수는 $_2C_2 = 1$가지이므로 구하는 확률은 $\dfrac{_2C_2}{_4C_2} = \dfrac{1}{6}$이다.

로또 복권

세계 많은 나라에서 여러 가지 공익사업을 위한 기금을 조성하기 위해 로또 복권을 발행하고 있다. 현재 우리나라에서도 2002년 12월부터 매주 로또 복권 6/45을 발행하고 있다. 이 복권의 신청자들은 1부터 45까지의 숫자 중에서 서로 다른 6개의 숫자를 자기 마음대로 골라 적어 제출한다. 그러면 매주 토요일 저녁에 1부터 45까지 쓰인 구슬 중에서 6개를 임의로 뽑아 당첨 번호를 결정하고 아울러 하나를 더 뽑아 보너스 번호로 한다. 로또 복권 6/45에서 당첨 번호와 보너스 번호에 따른 각 순위는 다음과 같다.

1등 : 당첨 번호가 6개 숫자와 일치
2등 : 당첨 번호가 5개 숫자와 일치하고 보너스 번호 일치
3등 : 당첨 번호가 5개 숫자와 일치
4등 : 당첨 번호가 4개 숫자와 일치
5등 : 당첨 번호가 3개 숫자와 일치

▶예제 **7.22** 우리나라 로또 복권에 대해 다음 확률을 구하여라.
① 1등에 당첨될 확률
② 2등에 당첨될 확률
③ 3등에 당첨될 확률
④ 4등에 당첨될 확률
⑤ 5등에 당첨될 확률

─── [풀이] ───

가능한 모든 복권 번호의 개수는 서로 다른 45개에서 6개를 뽑는 조합의 수는 $_{45}C_6$이다.

① 1등은 6개의 당첨 번호 중에서 모두 일치해야 하므로 $_6C_6 = 1$개 있다. 따라서 어떤 복권 신청자가 1등에 당첨될 확률은 다음과 같다.

$$\frac{_6C_6}{_{45}C_6} = \frac{1}{\frac{(45)!}{(39)!6!}} = \frac{(39)!6!}{(45)!} = \frac{6!}{45 \cdot 44 \cdot 43 \cdot 42 \cdot 41 \cdot 40}$$

$$= \frac{6 \cdot 5 \cdot 4 \cdot 3 \cdot 2}{45 \cdot 44 \cdot 43 \cdot 42 \cdot 41 \cdot 40} = \frac{1}{3 \cdot 11 \cdot 43 \cdot 7 \cdot 41 \cdot 20}$$

$$= \frac{1}{8,145,060}$$

② 2등은 6개의 당첨 번호 중에서 5개가 일치하고 나머지 하나는 보너스 번호이므로 어떤 복권 신청자가 2등에 당첨될 확률은 다음과 같다.

$$\frac{_6C_5 \cdot _{39}C_1}{_{45}C_6} \times \frac{1}{39} = \frac{6}{8,145,060} = \frac{1}{1,357,510}$$

7장 연습문제

1. 과학 과목에서는 학생들이 제출한 수행평가 과제물에 대해 아래 표와 같이 등급을 나누어 1등급부터 5등급까지 각 등급에 해당하는 과제물에 각각 40점, 38점, 36점, 34점, 32점의 점수를 준다고 한다. 과제물 가운데 임의로 한 개를 선택할 때 이 과제물의 점수가 적어도 35점 일 확률을 구하여라.

등급	비율(%)	점수
1	10	40
2	25	38
3	35	36
4	25	34
5	5	32
계	100	

2. 어느 학급의 전체 학생들을 대상으로 조사한 결과 A 영화를 본 학생은 38%, B 영화를 본 학생은 52%, 두 영화를 모두 본 학생은 15%이었다. A 영화 또는 B 영화를 본 학생은 전체의 몇 %인지 구하여라.

3. 10개 중 3개가 당첨인 제비뽑기를 2회 이어서 할 때, 2회 연속 당첨될 확률은 얼마일까? 단, 뽑았던 제비는 다시 넣지 않는다.

4. 어떤 범죄의 공범으로 구속되어 재판받고 있는 세 죄수 A, B, C 중에서 판사는 죄가 가장 크다고 판단되는 한 사람에게 사형을 선고한다고 한다. 어떤 사람이 현재까지의 모든 재판 진행 상황을 교도관에게 묻자 그 교도관은 B는 사형을 선고받지 않을 것이며 A는 현재 심사되지 않았다고만 했다. 세 사람의 죄의 크기가 모두 다르다고 할 때 A가 사형을 선고받을 확률을 구하여라. 교도관이 알려준 정보는 A가 사형을 선고받을 확률을 구하는데 도움이 되는가?

5. 어떤 테니스 대회에서 두 선수 A와 B가 결승전에 진출했다. 두 사람의 경기에서 A가 한 세트 이길 확률은 0.6이며 5세트 경기를 벌여 먼저 3세트를 이긴 사람이 우승한다고 한다. A가 우승할 확률을 구하고 그것을 A가 한 세트 이길 확률과 비교하여라.

6. 후보자가 A와 B인 어떤 선거에서 A는 2표, B는 3표를 얻었다. 이제 한 표씩 개표할 때 개표 중간에 적어도 한번 A와 B가 같은 득표수가 나올 확률을 구하여라.

7. 우리나라 로또 복권에 대해 다음 확률을 구하여라.
   ① 3등에 당첨될 확률.
   ② 4등에 당첨될 확률
   ③ 5등에 당첨될 확률

제8장

범죄현장 속 수학 이야기

▶예제 8.1 경찰관 민지가 순찰 중 $50m$ 깊이의 우물에 빠지게 되었다. 민지는 온몸을 버둥거리며 다시 땅 위로 기어오르려 했지만, 우물 벽이 너무 미끄러워 1시간에 $5m$ 기어올랐다가 다시 $3m$ 아래로 미끄러졌다. 민지가 우물 밖으로 나오기까지 총 몇 시간이 걸렸을까?

---[풀이]---

우물의 깊이는 $50m$이다. 민지가 1시간에 기어오르는 높이는 $5 - 3 = 2$, 즉 $2m$이다. 그렇다면 23시간이 지난 뒤 민지는 $46m$를 기어오르게 된다. 24시간째 $5m$를 오르면 이미 우물 밖으로 나오기 때문에 다시 미끄러질 일이 없다. 따라서 민지가 우물 밖으로 나오기까지 총 24시간이 필요하다.

▶예제 8.2 어느 날 신분이 높은 귀부인이 살해되었다. 해당 사건을 담당한 경시청의 경감은 세 명의 용의자 정원사와 하녀 그리고 요리사를 염두에 두고 있었다. 경감의 머릿속에는 네 가지 생각이 떠올랐는데 그중 한 개만이 진실이었다. 어떻게 하면 경감의 머릿속에 떠오른 네 가지 추리 중 무엇이 진실인지 밝혀낼 수 있을까? 누가 범인일까?

① 범인은 정원사이다.
② 요리사는 분명 범인이 아니다.
③ 하녀가 범인이다.
④ 하녀는 범인이 아니다.

[풀이]

③과 ④가 서로 모순되므로 둘 중 하나는 반드시 참이어야 한다. 만약 ③이 참이라면 하녀는 범인이다. ①에서 ④까지 진실인 명제는 하나밖에 없으므로 ①, ②, ④ 모두 거짓이 되어야 한다. ②가 거짓이므로 요리사가 범인이 되는데, 범인은 한 명뿐이므로 모순이 발생하여 ③은 거짓이 된다.

따라서 ④는 참이 되고 ①에서 ④까지 진실인 명제는 하나밖에 없으므로 ①, ②, ③ 모두 거짓이 된다. 즉, ①에서 범인은 정원사가 아니다. ②에서 요리사는 분명 범인이다. ③에서 하녀는 범인이 아니다. 그러므로 요리사가 범인이 된다.

▶예제 8.3 민지가 용의자 B씨를 추적하기 위해 챙긴 지도의 축척은 $1:35{,}000$이었다. 용의자가 숨어 있을 것으로 예상되는 장소는 1년 전 폐교된 A 초등학교라고 한다. 민지의 집에서 A 초등학교까지는 지도상으로 $17cm$이었다. 그렇다면 1분당 $350m$씩 이동한다고 가정했을 때 민지 집에서 A 초등학교까지 가려면 몇 분이 소요될까?

[풀이]

민지의 집에서 A 초등학교까지의 거리: $17cm \times 35{,}000 = 595{,}000cm = 5950m$

1분당 $350m$씩 이동하므로 소요 시간은 $\dfrac{5950\,m}{350\,m/\text{분}} = 17$ 분이다.

▶예제 8.4 A 초등학교 근처 공원 종탑은 매 시각 정각에 종이 울린다. 종이 울리는 횟수는 시각에 따라 달라진다. 1시에는 한 번, 2시에는 두 번, 오후 1시에도 한 번, 그리고 밤 12시에 열두 번을 울린다. 또 매 시각 30분에 한 번 더 울린다. 그렇다면 공원 종탑의 종소리는 하루에 총 몇 번 울릴까?

─ [풀이] ─

매 시각 정시에 종이 울리는 횟수는 $2 \times (1+2+3+\cdots+12) = 2 \times \frac{12 \times 13}{2} = 156$회이고, 매 시각 30분에 종이 울리는 횟수는 24회가 된다. 따라서 하루에 종이 울리는 총 횟수는 $156 + 24 = 180$회이다.

▶예제 8.5 민지의 집에서 A 초등학교까지 운행하는 열차는 기점과 종점을 포함해서 총 여섯 개의 역을 지난다. 오후 4시 7분 도착 예정이었으나 세 번째 역에서 25분이 지연되었고 그 후 모든 역에서 4분씩을 따라잡았다면 열차가 A 초등학교에 도착한 시각은 언제일까?

─ [풀이] ─

총 지연 시간은 $25 - 3 \times 4 = 13$분이다. 따라서 최종 도착 시각은 16시 7분 + 13분 = 16시 20분이다.

▶**예제** 8.6 용의자 B씨가 숨어 있었던 A 초등학교의 과학실험실 102호의 비밀번호는 세 자리 숫자라고 한다. 민지가 세 자리 숫자로 설정된 비밀번호를 알아내기 위해 가능한 모든 세 자리 숫자를 다 시도해본다고 하자. 똑같은 숫자를 중복해서 사용할 수 있으며 숫자 한 개당 4초가 소요된다면 총 몇 초의 시간이 필요할까?

[풀이]

사용할 수 있는 숫자의 총개수는 0에서 9까지 10개이므로 가능한 모든 조합의 수는 10^3이다. 따라서 필요한 시간은 $4 \times 1000 = 4000$초이다.

▶**예제** 8.7 A 초등학교의 관리인 최 씨는 지하 10개 창고의 문을 잠그려다가 열쇠 꾸러미를 떨어뜨렸다. 최 씨가 창고 문을 모두 잠그기까지 최대 몇 회를 시도해야 할까?

[풀이]

먼저 1번 창고의 문을 잠그기까지 최대의 시행착오 수는 9회이다. 그리고 2번 창고의 문은 1번 창고의 문 열쇠를 제외하면 창고의 문을 잠그기까지 최대의 시행착오 수는 8회가 된다. 같은 방법으로 3번 창고의 문은 1번과 2번 창고의 문 열쇠를 제외하면 창고의 문을 잠그기까지 최대의 시행착오 수는 7회가 된다.

이 방법을 계속하면 9번 창고의 문은 1번에서 8번 창고의 문 열쇠를 제외하면 창고의 문을 잠그기까지 최대의 시행착오 수는 1회가 된다. 그리고 마지막 남은 열쇠는 10번 창고의 문 열쇠가 되므로 시행착오 할 일이 없다.

그러므로 최 씨가 창고 문을 모두 잠그기까지의 최대 시행착오 수는 $1 + 2 + 3 + \cdots + 9 = \dfrac{9 \times 10}{2} = 45$회가 된다.

>예제 **8.8** 만약 범인이 5일 전에 도주를 시작했는데 민지가 범인보다 매일 1.5배 더 열심히 추적한다면 과연 언제 범인을 따라잡을 수 있을까?

[풀이]

x를 추적한 날의 수라 하면 범인은 5일 전에 도주를 시작했고 민지는 범인보다 매일 1.5배 더 열심히 추적하였으므로 $5+x=1.5x$이다.

따라서 $x=10$일이다.

8장 연습문제

1. 민지 엄마는 며칠간 잠복근무하다 돌아온 민지를 위해 피자를 주문하려고 한다. 민지 엄마가 주문한 피자가게에서 제공하는 토핑은 살라미 소시지, 햄, 양송이버섯, 파인애플, 페퍼로니, 고구마, 양파, 새우 그리고 파프리카이다. 그중 네 가지 토핑을 구하는 방법은 모두 몇 가지인가?

2. 용의자 B씨의 은신처로 추정되는 A 초등학교 과학실 101호의 비밀번호는 세 자리 숫자 중 각 자릿수의 합이 5가 되는 수들을 모두 찾아낸 후 그 숫자들을 모두 더하면 된다고 한다. 비밀번호는 무엇일까?

3. 상미는 민지에게 보낼 이메일을 작성해야 하는데 로그인을 하기 위해 아이디와 비밀번호를 입력해야 한다. 상미의 비밀번호는 자신의 이름 SANG MI에 포함된 알파벳의 순서만 바꾼 것이다. SANG MI의 비밀번호가 될 수 있는 알파벳의 조합은 총 몇 개인가?

4. A 초등학교의 과학실험실 103호의 비밀번호는 1, 4, 6, 7이라는 숫자 네 개를 활용해서 만들었다고 한다. 가능한 비밀번호는 총 몇 개일까? 이때 같은 숫자는 여러 번 써도 좋다.

5. A 초등학교의 과학실험실 104호의 비밀번호는 다섯 자리로 된 숫자 중 가장 작은 숫자라고 한다. 여기서 바로 이웃하는 숫자가 연달아 나오면 안 되고 숫자를 중복해서도 안 된다고 한다. 과연 비밀번호는 무엇일까?

참고문헌

[1] 김규곤 외, 『데이터정보학 입문』, 자유아카데미
[2] 박경미, 『수학비타민 플러스』, 김영사
[3] 박부성, 『재미있는 영재들의 수학퍼즐』, ㈜자음과 모음
[4] 박형빈, 『수학은 생활이다』, 경문사
[5] 안기수, 『엑셀로 풀어보는 생활 속의 통계학』, 생능
[6] 오정환·이준복, 『정수론』, 교우사
[7] 이민섭, 『현대암호학』, 교우사
[8] 이상국·고영미, 『수학의 이해』, 교우사
[9] David M. Burton, 이준복·이중석 역, 『기초정수론』, 경문사
[10] 고미야마 히로히토, 김은혜 역, 『일상의 무기가 되는 수학 초능력: 수학의 정리 편』, 북라이프
[11] 알브레히드 보이텔슈파허, 김태희 역, 『생활 속 수학의 기적』, 황소자리
[12] 알렉스 벨로스, 김성훈 역, 『이 문제 풀 수 있겠어?』, 북라이프
[13] 리스 하스아우트, 오혜정 역, 남호영 감수, 『범죄 수학』, Gbrain(지브레인)

알고 보면 재미있는
수학 이야기

지은이   배정자
펴낸이   조경희
펴낸곳   경문사
펴낸날   2025년 8월 25일 2판 1쇄
등 록   1979년 11월 9일 제1979-000023호
주 소   04057, 서울특별시 마포구 와우산로 174
전 화   (02)332-2004 팩스 (02)336-5193
이메일   kyungmoon@kyungmoon.com

값 18,000원

ISBN 979-11-6073-738-7

★ 경문사의 다양한 도서와 콘텐츠를 만나보세요!

홈페이지	www.kyungmoon.com	페이스북	facebook.com/kyungmoonsa
포스트	post.naver.com/kyungmoonbooks	블로그	blog.naver.com/kyungmoonbooks
북이오	buk.io/@pa9309	인스타그램	instagram.com/kyungmoonsa

도서 중 **정오표** 및 **학습자료**가 있는 경우 홈페이지 내 해당 도서 상세 페이지의 **자료** 탭에 업로드됩니다.